坚 毅

培养热情、毅力和设立目标的实用方法

[美] 卡洛琳·亚当斯·米勒（Caroline Adams Miller） 著
王正林 译

* * *

Getting Grit

The Evidence-Based Approach to Cultivating Passion, Perseverance, and Purpose

机械工业出版社
CHINA MACHINE PRESS

图书在版编目（CIP）数据

坚毅：培养热情、毅力和设立目标的实用方法 /（美）卡洛琳·亚当斯·米勒著；王正林译 .
—北京：机械工业出版社，2019.1（2024.12 重印）
书名原文：Getting Grit: The Evidence-Based Approach to Cultivating Passion,
Perseverance, and Purpose

ISBN 978-7-111-61403-6

I. 坚…　II. ① 卡…　② 王…　III. 个人－修养－通俗读物　IV. B825-49

中国版本图书馆 CIP 数据核字（2018）第 257951 号

北京市版权局著作权合同登记　图字：01-2018-4596 号。

坚毅：培养热情、毅力和设立目标的实用方法

出版发行：机械工业出版社（北京市西城区百万庄大街 22 号　邮政编码：100037）
责任编辑：姜　帆
责任校对：李秋荣
印　　刷：北京铭成印刷有限公司
版　　次：2024 年 12 月第 1 版第 15 次印刷
开　　本：147mm × 210mm　1/32
印　　张：9.25
书　　号：ISBN 978-7-111-61403-6
定　　价：59.00 元

客服电话：（010）88361066　68326294

谨以此书献给我的第一个“十二步骤社群”中所有那些睿智的、卓越的、正在逐渐恢复的同伴们。你们的模范、友谊和指导，是我培育真正的坚毅不可缺少的要素。我的感激之情无以言表，因为你们给了我希望，给了我第二次生命。

目录
Contents

引言

Introduction

2012年，我的大儿子海伍德（Haywood）从两年制的大学毕业，拿到会计学专业的学位。为了选择与他的优势和兴趣相符的、合适的综合性大学[㊀]，他追寻自己内心强烈的热情，选择了游泳专业。他开始在马里兰大学就读，获得了部分奖学金，并在中途转入辛辛那提大学，以便使他最擅长的游泳项目与辛辛那提大学名册上的项目正好对应。他最终的平均成绩虽然算不上十分突出，只能说还不错，所以当美国范围内几乎所有的大型会计师事务所邀请他前去面试时，我感到稍稍有些吃惊。

㊀ 在美国，College一般是指两年制的大学，毕业后获得“副学士”学位。University一般是4年制的大学，毕业后有学士学位。很多人选择读完College后转往University完成学士学位课程。——译者注

在就业市场异常艰难、经济萧条影响犹在的局势下，我们做好了让海伍德像他的许多同伴一样回家的准备。街头谣言盛传，说如果他在找工作时受阻，或者可能根本找不到工作，他便无法独立生活并着手还清自己的学生贷款，但看到儿子一毕业就在美国最杰出的会计师事务所中找到一份工作，并且拿着足以让他独立生活的起薪，我既感到高兴，又感到吃惊。

我好奇地问海伍德，当媒体描绘的就业前景如此不乐观，以至于我们所有人都以为，只有从全美国最顶尖的学校毕业出来的精英才能找到工作时，是什么让他成功地找到工作的。海伍德沉吟片刻，回答说："我觉得是游泳。在面试时，考官唯一详细询问了我的问题都涉及游泳，比如我练了多少年，每天练一次还是两次，怎么做到在大学校队中赢得比赛并刚进入大三便被选拔为队长，等等。"他接着说："我觉得，他们只想知道我有没有职业道德、具不具备领导素质、能不能和别人和谐相处。"然后笑着补充道："显然，决定性的因素并不是我的平均成绩！"

根据多年来与世界各地的高效能人士围绕目标设定和情感丰盈等方面开展的研究，我本不应该对儿子海伍德带给我的好消息太过吃惊，但是，身为一位焦虑的母亲，我仍免不了担心，儿子在大学里决定把精力集中在游泳上，对他将来的就业，也许并不是最好的主意。然而，在这种情况下，他的愿望反映了当今就业市场中一种越来越明显的趋势，也体现了我在《创造最美好的生活》（*Creating Your Best Life*）一书中所写的内容。在那本书中，我写道，有证据表明，在无数的奖杯与数不清的树立自尊的仪式中长大的许多千禧世代[㊀]，一旦进入职场，将是一场灾难。同时，很多老板正聘请咨询师来教这些员工怎样勤奋工作，并且告诉他们，当他们的绩效并非“真的了不起”时，要怎样接受别人的评价。

为避免这类问题，各公司正想出越来越多的独特办法来辨别哪些求职者将具备较高的职业道德水准、有着良好的团队合作意识、在公司中受人欢迎，并且不会出现将来逼得老板不得已解雇他们的各种问题。这些公司不是看重求职者的平均成绩和暑期实习的表现，而是希望求职者像我儿子一样，培育一种持续多年的热情并坚持从事这项活动，即使在艰难的时候也不放弃，而且，这样做的唯一回报常常是对自己的不放弃感到满意。各公司的想法是，假如这类求职者已经学会如何勤奋学习、克服失望，能在无人表扬时坚持下去，那么，他们将成为那种经过训练后能够做好各种事情的员工。

我对“坚毅品质”这个主题的兴趣，很大程度上源于 2005 年和 2006 年间，那时我在宾夕法尼亚大学学习，攻读应用积极心理学这个专业的首批硕士学位。这是一门新兴的、研究幸福感的专业。在此期间，我接触了安吉拉·达克沃斯（Angela Duckworth）的研究成果。她当时在导师马丁·塞利格曼（Martin Seligman）的带领下攻读博士学位，围绕一种她称为“坚毅”的品质开展研究，她将该品质定义为“在追求长远目标时的热情与毅力”。我本人也曾在数十年时间里围绕如何设定和实现艰难的目标著书立说，并且为他人提供教练服务，所以对在宾夕法尼亚大学学到的科学研究

㊀ 千禧世代是人口统计学家用来描述出生于 1980～2000 年的一代年轻人，西方媒体形容他们为“Y 世代”，也是中国所称的“80 后”和“90 后”。——译者注

成果深感痴迷。这些成果涉及人们在人生最具挑战性的方面需要怎样才能成为“赢家”。我沉浸在目标设定理论、自我效能理论、社会感染等一些概念之中，开始以一种新的方式将所有这些理念联系起来，而且，我将它们从我的顶点课程[⊖]中改编到我的《创造最美好的生活》一书中。在该书中，我用了一章的篇幅来总结安吉拉的研究与发现，那个时候，学术界以外的其他人一般都不知道这些研究与发现。

我在该书中写道，人们发现，安吉拉开发的包含12个项目的“坚毅量表”，准确地预测了军校的哪些新学员将退出被称为“野兽兵营”的“地狱般”的首个夏季训练营。该量表同时还适用于9～13岁的孩子，能够预测谁将进入全美拼字比赛的决赛。随着《创造最美好的生活》一书的出版，“坚毅量表”还被人们认为是在另一些艰难局面下坚持下去的良好预示信号，比如夫妻二人维系婚姻、家住贫民区的学生完成高中学业、被招进美国特种作战部队，甚至经济条件不好的学生坚持把大学念完，诸如此类。顺利拿到积极心理学硕士学位后，我开始从事职业教练、演说家和教育者等职业，和数千人打过交道。在此期间我的所见所闻，包括我亲眼见证自己的孩子在如今已被证明有害的“自尊运动”期间逐渐长大的情景，说服我把自己的声音和想法带到坚毅品质这个新兴的领域。同时，我很有底气地说，我之所以这么做，是因为看到许多青少年和成年人迫切需要学会怎样在他们自己身上、工作场所、家庭以及社区中培育更多的坚毅。他们想要别人的帮助，帮他们将当前平庸的标准变回到严格的卓越标准，但他们说自己不知道从何处着手或者怎样着手。

⊖ 顶点课程是美国高校为高年级学生，特别是临近毕业的学生开设的一种综合性课程。——译者注我想，我们可能一致认为，这个世界正出现一些令人生畏甚至是前所未有的挑战，而我们面临的最迫切呼吁，是让人们变得坚毅。滚动播出的各种新闻，时时刻刻都把负面新闻放在第一线，加剧了国际经济市场的动荡、随机的恐怖主义袭击的威胁，以及全球气候变化的挑战。如今，美国的大学生普遍存在着焦虑和抑郁的倾向，还常常深陷学生债务，对他们自己将来赚钱的可能性做出消极的预测。如果没有坚毅的品质，人们怎么能够平安生存或者繁荣发展下去？

本书内容介绍

在本书中，我将分享一些研究成果和观点，涉及人们可以怎样提升我们在坚毅人士身上发现的那些性格优势与行为。我甚至提出了“真正的坚毅”这一术语，用来描述我认为能够产生最卓越结果的坚毅品质。我对这种类型的坚毅给出的定义是：“充满热情地追求艰难目标，那些目标使人感到敬畏和鼓舞，激励人们变得更优秀，在情感上更加丰盈，勇于承担风险，并且过上他们最好的生活。”

本书分为两个部分。第一部分描述好的和坏的坚毅，我们这个国家为什么会在许多领域接受并放大平庸的标准，以及这种趋势将给我们带来什么样的影响。第二部分阐述我的观察、经验以及某些研究的成果，这些研究侧重于我们可以怎样培育和促进那些构成真正坚毅的优势与行为，包括热情、目标设定、自我调节、自信、承担风险以及耐心等，仅举几例。在这些章节中，你还可以找到一些练习，有些你可以自己运用，有些你可以在各种不同的背景中和其他人一同使用，以便设定目标，培育坚毅的心态，制订双赢或多赢的策略，组建支持性的团队和社群，并且将我们确立的标准提高到使他人敬畏并能鼓舞他人表现卓越的地步。这些都是读者可以一而再再而三地使用且易于使用的理念和资源。

这本书的首要目标是向读者表明，如果我们希望生活在一个支持卓越标准并避免半途而废的世界之中，那么，培育真正的坚毅不但是可能的，而且还是我们的义务。我们需要抗逆力、乐观精神、坚定的决心来克服威胁我们的平和与繁荣的重重障碍，同时，我们需要为下一代提供幸福感的科学以及追求最美好和最有意义人生所需的各种工具。他们这代人，是美国历史上第一代预言自己不会采用与父辈相同生活标准的人。

了解了我在这里分享的信息以及来自各个研究机构（如安吉拉·达克沃斯的性格实验室、至善科学中心、健康心理中心以及宾夕法尼亚大学的积极心理学中心）的研究成果，我相信，我们可以开始想象和创造一个让我们感到自豪的世界了，这样的世界激励我们更加勇敢、更加顽强、更加胸怀大志。当我们学会了怎样设立正确目标并且看着自己最终实现目标，对跨出舒适区感到适应，将挫折当成我们实现目标的跳板时，便可以怀着热情、目标和毅力来生活。做到了这些，我们拥有真正的坚毅品质便不再是白日梦，而是我们大多数人生活中的现实，也是我们和其他人分享的现实，在这样的现实中，我们全都会做更优秀的自己。

让我们开始吧！

Getting Grit

Part One 第一部分

第 1 章

chapter1

你能拼出坚毅（G-R-I-T）这个词吗

每年春天，我们翘首盼望的两件事情在华盛顿特区发生：一是国家广场周围的樱花如期怒放，让人们沉浸在一片白色花海之中；二是全美拼字比赛定期举行，给人们带来一顿知识的饕餮盛宴。拼字比赛于 1925 年首次举办，是一项深受欢迎的全国性比赛，面向 6～14 岁的学生。每逢比赛，数百位参赛者在赢得他们所在州的地区拼字比赛之后来到这座城市。全美拼字比赛的选手得经过前几轮比赛，筛选出来的获胜者则参加后几轮在电视上直播的比赛。

体育频道 ESPN 转播这些令人神经紧张的比赛，工作人员像对待其他体育比赛那样，兢兢业业、一丝不苟地投入转播之中。只需看几分钟的拼字比赛，你就不难理解工作人员为什么要如此投入电视转播了。这个小小的赛场上展现的巨大的心理压力和对心理素质的严苛要求，与成年运动员在大型体育比赛中面临的压力和严苛要求没什么两样，不同的是，拼字比赛的大多数参赛孩子还没到青春期。他们每次一个人静静地走上台，有的嘴里戴着牙箍；有的脸上长着粉刺；女孩子头上还佩戴着活泼的蝴蝶结；个子矮小的孩子则需站在椅子上，才能把嘴凑到麦克风旁边，而他们得拼写出这个星球上一些最为晦涩难懂的英语单词。小选手们需要在炽热的灯光照射下，在规定时间内做到所有这些，并在电视机前数百万观众的注视下把单词中的字母一个个念出来，他们的父母则坐在现场观众席上，紧张得倒吸凉气、手心冒汗，时不时为孩子祈祷。由于选手们出色的准备工作，因此在比赛中不会轻易被淘汰，于是，这样的紧张场面往往持续数个小时，一轮接一轮地比下去，有时甚至一直比到深夜。过去几年就是这样。从 2014 年开始，全美拼字比赛不得不由两名选手分享冠军，其原因是比赛举办方难不住有的决赛选手，他们有的能够历经 14 轮比赛而不被淘汰，直到比赛方把所有用来比赛的单词都用完，比赛难以为继。

2016 年 5 月，《时代》杂志以“他们现在在哪儿”为主题为拼字比赛的历届冠军写了一篇文章。结果发现，很多人已发展为成功的专业人士，通常在教育、投资、媒体、医药学和经济学等领域有着开创性的作为。他们认为，多年来参加拼字比赛的经历使他们终身受益，尤其是准备和参加令人窒息的全美拼字大赛的艰苦过程。温蒂·盖·赖（Wendy Guey Lai）说，为参加拼字大赛而学习，使她懂得了怎样做到“忍耐、以细节为导向以及在压力之下表现优雅”。普拉蒂亚什·布迪加（Pratyush Buddiga）说，他变得擅长“识别规律”和“信任自己的直觉”了。三次参赛并终获冠军的巴卢·纳塔拉詹（Balu Natarajan）指出，这种比赛“更像是马拉松，不像是短跑比赛”。他还说，比赛的经历对他在体育医学领域的职业生涯不无影响：“大部分孩子想要拿到比赛奖杯或者获得参加全国比赛的资格，得埋头训练多年时间。因为这一点，我深深欣赏耐力运动员并且喜欢上体育医学这个职业，以照顾好他们。”[1]

宾夕法尼亚大学心理学教授安吉拉·达克沃斯曾对自己称为“坚毅”的个性品质开展过研究，2005 年，她在着手完善这些研究时，想弄清楚一点：自己和其他所有人在电视上看到的这些具有超强忍耐和坚决意志的孩子，是不是拥有她定义为“在追求长远目标时保持热情和毅力”的品质。为此，她通过努力，获准接触 2005 年拼字比赛的 273 名参赛者，其中过半参赛者同意填写一些表格并提交关于他们的工作习惯、智力、参加拼字比赛的年限等问题的答案。达克沃斯还使用了新开发的“坚毅量表”对他们进行测试，量表中包含的问题有“我经常选择一个目标，但后来决定追求不同的目标”和“我曾经克服各种挫折，战胜了一个重要的挑战”。在对研究结果进行细致分析后，达克沃斯发现，自制力是成功的重要因子，但把参赛者的年龄因素剔除出去时，“坚毅量表”成为谁能最终进入拼字决赛的领先预测指标。随后对数据的解析显示，小选手们的坚毅品质，很大程度上是由于头一年的失败而培育的，意味着这些学生回家后学习更加刻苦，大部分周末都在孤独地练习拼字。

一年以后，达克沃斯和她的同事对 976 名即将到西点军校入学的新生运用“坚毅量表”施测，同时使用了其他一系列的测试。在梳理了诸如自制力、智商等因素以及其他测量卓越的指标之后，他们发现，“坚毅量表”比过去使用的指标（如“候选者整体得分”）更加准确地预测了哪些军校学员有可能退出被称为“野兽兵营”的“地狱般”的首次夏季训练营的军训。“候选者整体得分”的指标包括诸如学业荣誉、领导推荐和学生各科成绩的平均绩点等因素。尽管这些指标间的差别不大，但值得注意的是，当这些指标与全美拼字比赛的研究成果叠加在一起时，人们突然想进一步了解达克沃斯设在宾夕法尼亚大学的实验室到底是怎样研究的。

当今流行的品质

不论你现在在哪里，坚毅都已成为当今流行的品质。坚毅是人们渴望理解的、在他们自己与别人身上培育的“X”因子。在获得 2013 年度麦克阿瑟奖（也称为天才奖）之后，达克沃斯的关于坚毅的演讲，成为一些教育、领导力和心理学大会的主打节目，其中一篇名为《热情与坚持的力量》（*The Power of Passion and Perseverance*）的演讲，跃居在线发布的最受欢迎 TED 演讲[⊖]之

[⊖] TED 是 Technology, Entertainment, Design（科技、娱乐、设计）的缩写，这个会议的宗旨是“用思想的力量来改变世界”。TED 演讲的特点是毫不繁杂冗长的专业讲座，观点响亮、开门见山、种类繁多、看法新颖。——译者注

一。2016 年，她的著作《坚毅》(*Grit*) 出版。该书出版一星期，便跻身各大畅销书单的榜首。美国前总统奥巴马在两次国情咨文演说中都曾提到过这本书；2013 年，奥巴马还提出，“在课堂中培育坚毅”是美国教育部的头等重要大事。

尽管达克沃斯的研究与作品前景一片光明，但她还是担心，有的机构匆匆忙忙地运用坚毅这种品质，但她觉得并没有做好运用的准备。譬如，有些学校急切地推出针对坚毅品质的测试，并说将根据师生们的坚毅品质对其进行评估，但目前并不清楚要怎样在学校内进行这样的评估，或者，对不同背景中的所有学生来说，这样的评估是否恰当。来自低收入家庭的孩子不得不克服日常生活中的困难，只求能够上学，这样的话，让他们参与坚毅品质的评估，也许没什么好处，倒不如让他们树立自我效能与希望更加有益。曾研究过坚毅品质并出版《孩子们如何获得成功：勇气、好奇心与性格的潜藏力量》(*How Children Succeed: Grit, Curiosity and the Hidden Power of Character*) 的保罗·塔夫 (Paul Tough) 研究发现，对这些学生来说，采取一些家庭干预措施，以帮助父母学会管理失败与愤怒情绪，也许对学生们更有裨益，这些干预措施可以在家里滋生爱、接纳和温暖的文化。[2]

尽管如此，达克沃斯也毫无疑问抓住了关键。她对一大批来自投资银行界，游泳、足球和国际象棋等体育领域的成功人士进行了研究，发现所有这些人都有一些共同之处值得我们剖析，以学会怎样模拟他们实现目标的方法。她发现，多年来克服了重重困难，矢志不渝追求对他们来说是重要的东西的人士，有几种重要的共同品质，也就是：

- 热情。他们内心的激情被某项事业或某一活动点燃，使得他们精力充沛、活力四射，有的人从年幼时就开始这样。他们并不受其他人想要实现的目标摆布，而是一心一意地追求自己的某个目标，把其他兴趣都排除在外，全心全意地使自己的人生变得有意义，并用这种意义使人生充满使命感。
- 毅力。他们并不只是在短期内保持韧性。他们在情感枯竭、身体遭受折磨和经济捉襟见肘，以及面临可能使许多人最终放弃的挫折等情况下，仍然具有一种随时准备东山再起的品质。
- 长远目标。他们给自己确立的目标赋予激情，那样的目标，对某些人来说似乎不切实际，但却成为他们不可动摇的指路明灯。在有的情况下，这使得他们成为世界名人，或者在奥运比赛中赢得声誉，但在另一些情况下，其结果看上去不那么光彩夺目，而是更加平淡无奇，例如，有些人在遭受严重创伤之后再度能够行走，另一些人则在被非法监禁后仍然坚信自己终有一天被无罪释放，还有些人在最艰难的情况下依然保持清醒与镇定。

这是新瓶装旧酒吗

被誉为“积极心理学之父”的马丁·塞利格曼是达克沃斯的导师，两人共同开发了“坚毅量表”。达克沃斯相信，坚毅量表的开发，找到了一种测量独特的、梦寐以求的品质的方式。这一品质将那些想要实现和真正实现艰巨目标的人们区分开来。用该量表来进行的测试，梳理了一系列的动机和个性特点，它们要么与涉及坚毅的个性品质有关，要么与之无关。例如，有的人也许执着而勤奋，但没能对某个十分看重的目标投入相当大的热情。出于同样的原因，另一些人也可能是热情的典范，但在遭受挫折的岁月里无法矢志不渝地朝着艰难的目标迈进。或者，还有些人可能勤奋而热情，但需要外界认可他的成就，因而在没能获得奖杯和声誉的情况下无法做到坚忍不拔。

另一种能够预测勤奋的品质称为“尽责”，坚毅与尽责相似，描述了人们在追求目标时需要做到的尽职与自律的那类行为。对此，有些批评坚毅这个概念的人士声称，坚毅只不过是将尽责这种品质重新表述一番罢了，也就是老话所讲的“新瓶装旧酒”。对这一观点，达克沃斯巧妙地辩解说，坚毅与尽责是有着不同结果的迥然相异的概念。除此之外，达克沃斯还指出，尽责并不是用对坚毅极其重要的情感之火来灌输的。

我本人作为一位持有认证证书的绩效教练，每天与人们打交道，帮助他们理解并培育一些积极的精神与意志，这正是坚持和实现改变人生的异常艰巨目标所需要的。因此，我由衷地赞同，当我们谈到用什么来确定、追求与实现艰难的、有意义的、能够深刻改变人生的目标时，不能只用尽责来简单地说明问题。当希望正渐渐变得渺茫时，仅凭尽责，不可能使人们依然心怀梦想。此外，当你需要突然间改变行动计划以适应新的情况时，光靠尽责也不够。事实上，我觉得尽责过度消耗了人们的决心，这种对决心的过度使用，我称之为“倔强的坚毅”。

研究对你我有何帮助

我经常仔细查看大量研究成果，以推测我可以做些什么来让客户掌握一些用于改变与追求成功的合适工具。如果没有人像我这样从研究成果中提取出实际的应用，使人们易于理解并以积极的方式运用它们，那么，研究就只是研究而已。为了做我想做的事情，也为了以此谋生，我不得不学会怎样使用各种工具、激励方法和知识来立即影响人们的生活，帮助他们顺利到达自己想要达到的目的。人们在表达与我们合作最期望的结果时，通常把进一步提升自己的抗逆力和坚毅品质摆在首要位置。

因此，我不得不将研究的范围扩大，还观察坚毅人士在为那些尚不够坚毅的人们制订计划时，都在想些什么和做些什么。我必须了解，我的客户的人生中缺少了些什么，为什么会缺少这些东西。我还得弄明白，他们的家庭起源中有些什么因素影响了他们的观念，当前有谁在支持他们的目标，如今在他们的工作环境和个人生活中都发生了什么，以及更多别的东西。如果没有掌握这些因素，我就不可能正确判断当前的局势，并将正确的研究成果与工具带入到我们的工作当中。

因此，尽管像我这样的从业人员通常不搞学术研究，但随着我们在许许多多不同的场景中与现实生活中的人们（既来自运动场上，也来自公司的办公室中）一对一地接触，我们也在加速催生坚毅品质研究的突破。我们在那些场景中观察，在追求更加美好的生活时哪些方法管用，哪些方法不管用。我相信，我们对坚毅品质的研究结果，与学术界的研究发现同样重要。这是因为，一般人若是没有获得像我们这种人的反馈，很难利用来自世界各地的大学与研究实验室的那些充满统计数据的研究成果。

出于这一原因，我钻研了关于坚毅品质的研究报告，也精读了关于热情、承担风险、意志力、友善、谦卑、品味、目标设定、积极人际关系等诸多方面的研究成果，以便对男性和女性、年轻人和年长者都同样有效且高效地运用信息，不论他们处在改变进程中的什么阶段。于是，我提出了“真正的坚毅”的定义。真正的坚毅，是指对艰难目标的热忱追求，那些目标使人感到敬畏和鼓舞，激励人们变得更好，在情感上变得更加丰盈、勇于承担风险，并且过上他们最好的生活。对我而言，只有当坚毅是一种向善的力量时，它才是积极的。我认为，我对这一品质的定义，抓住了它的本质。我发现它能够产生卓越的结果，并且为后世留下值得书写的传奇。在接下来的内容中，我会更详细地描述真正的坚毅的构成要素，使我们更容易理解怎样以出人意料的全新方式来培育这种品质。

为什么在21世纪的今天坚毅如此重要

最近几年，在美国，一个异口同声的声音变得越发响亮起来，那便是：对被称为千禧世代的这一代人的性格与职业道德感到痛心疾首。《时代》杂志称这个世代为“我我我世代”。人们严厉地指责他们是受到错误引导的自尊运动的产物。那场运动鼓励父母们对孩子和蔼而亲切，只要一有机会，便给予温暖的表扬。[3] 虽然这一运动的出发点是好的，本意是想培育个人的主动性和更强的自尊感，但不论从什么角度来看，它都是一场失败的运动。

虽然例外的情况到处都有（比如说，我养育了 3 个千禧世代的孩子，我很喜欢他们），但心理学家说，总体而言，这一代人享受着别人给予的权利，在受到他人的评价或批评时容易受伤，不具备强于其他人的自尊和责任感，而且比较脆弱和自恋。很多人更看重名声和金钱，不太看重生活的目的与意义，在艰难的任务面前总想“走捷径”，并且容易被挫折打败。他们沉浸在物质享受之中，喜欢快速见效的解决方案，不太可能学着读懂地图，或者，若是没有拼写检查功能的帮助，很难把字写正确。在这一代人的眼里，成年人不是他们的导师，而是和他们平等的人。他们认为不必服从成年人。产生此种观念的部分原因是，在许多学校里，假如他们直呼老师的名字，也被认为是可以接受的。

这种行为到底有什么样的影响？很多人听说过一些轶事般的和实证的故事，而且，这些故事在某些地方还引起了人们的严重关切。有些心理学家指出，为了让孩子避免受伤和擦伤膝盖，许多学校的操场被用木屑制作的枕头环绕起来，退化成一些“塑胶装置”，导致孩子长大后，变成了害怕爬树或冒险的焦虑的成年人。[4] 有的人甚至追踪观察发现，这种现象导致最近几年创业活动呈现下降趋势。他们还指出，过去，这个年龄群体的人们常常创办新企业和激发创新；如今，即使考虑了经济大萧条和中产阶级整体规模缩小等因素（这些因素致使创业活动减少），这一代人也比过去几代人更加保守。[5]

对学生只强调高度的赞扬和出色的平均成绩，还导致在高中、大学和研究生级别的教育机构中的成绩膨胀，以至于许多公司说，他们不能只凭毕业生的平均成绩和来自名校的身份便保证这些毕业生参加工作后勤奋努力。许多学生缺乏自制力，造成了可怕的后果，这也是美国人的肥胖率继续飙升至历史高位的一个因素。美国军方还发布一份报告指出，美国的年轻人“胖到无法打仗”。职业运动队的教练们哀叹，如果不把队员们的手机收走，很难让这些拿着优渥薪水的运动员们在队会上集中注意力，有的教练甚至彻底告别教练这一行当。他们说，许多新运动员由于缺乏职业道德和为团队牺牲的意愿，已经变得“不可调教”。[6]

创造最美好的生活，需要坚毅

数十年来，作为一名有资质的教练，我一直和全世界的高绩效人士打交道，专门研究如何实现目标。2005 年，我在宾夕法尼亚大学与马丁·塞利格曼一同研究时，我是世界上第一批攻读应用积极心理学硕士学位（缩写为 MAPP 学位，我在本书的“引言”中介绍过）的 34 名学生中的一员，这个专业也称为幸福科学。之前我提到过，也正是在那个时候，我接触了安吉拉·达克沃斯刚刚起步的对坚毅品质的研究，于是将这些研究成果融入我那一年的顶点项目之中，然后将它们写进了我的书作《创造最美好的生活》之中。那本书首次向读者介绍了一些确定和追求通向成功与幸福的有意义道路的方法。它们是一些专业研究和学术理论的基础。马丁·塞利格曼在他的《持续的幸福》(*Flourish*）一书中表扬了我的做法，说我给关于成功和实现目标的文献增添了“曾经缺失的重要一页”。[7]

我偶然中发现了大量的证据，指向我们为了过上令自己满意的、高品质的、充满理想成就的生活而完成一些艰巨任务时必做的事情。首先，我学习了爱德温·洛克（Edwin Locke）和加里·莱瑟姆（Gary Latham）的研究成果。这两人的研究催生了“目标设定理论”。该理论认为，如果人们想达到最高绩效水平，需要制订并完成“艰难而具体的”目标。(容易的或者“低级的”目标，不但导致绩效平庸，还给人们留下平庸的感觉。[8]）另外，爱德华·德西（Edward Deci）和理查德·莱恩（Richard Ryan）提议的“自我决定理论”指出，如果人们什么事都不做，并不会幸福。我们有足够的动力来掌控自身的环境，以便觉得自己是重要的、自主的、胜任的，同时，假若给人们一些选择，要么什么都不做，要么做一些有成效的事情，那么，人们往往会不可抗拒地选择使自己忙起来，做些有成效的事情。[9]

最新的研究发现，我们每天睡觉时，会在脑海中扫描一遍白天做过哪些事情，特别是注意到最令我们感到自豪的事情。如你可能预料的那样，为我们带来真正自尊的事情，绝不是容易的和处在我们自身舒适区中的那些活动或行为。它们是一些艰难的、带有挑战性的、有时甚至是痛苦的时刻，给我们留下自豪感，让我们因而倍感兴奋，也使我们对自己的能力和未来更有信心，怀着更大的希望。[10] 那么，哪两种品质可以最为可靠地预测我们能不能成功地实现自己的目标呢？那就是坚毅和好奇心。[11]

你会为什么而后悔

当人们找到我并寻求帮助时，常常是他们抵达了面临重大抉择的关键时刻。根据我的观察，求助我的人无论老幼，通常面临一个重要的选择，并且希望在资深专业人士的支持、信任和指导下继续前行。他们并非因为自己正再三考虑做某件容易的事情而犹豫；总是因为他们想做的某件事情离自己的舒适区太远，以至于不得不再三迟疑，并且要对自己决意冒的险做好准备。他们懂得实现目标的道路有多么艰难，而且还知道，假如不去试一试那个目标，就不会真正感到幸福。

我可以毫不犹豫地讲，在和世界各地形形色色的人们打过数千次交道之后，我发现，对我们的教练成果感到最为满意，也对他们自己最为满意的人，是那些为赢得胜利或成功而选定艰难目标并培养坚毅品质的人们。接受完我们的教练服务后，他们像变了一个人。我常常告诉我的朋友，我感到自己像是在医院的妇产科工作，因为人们看到他们孕育的成果之后，个个兴高采烈。当他们培育了坚毅品质并有意运用这种品质之后，不但更加自信，而且更为满足。

有时候，人们向我发出呼吁和请求，请我出手相助。虽然这些人并不是完全确定他们想做什么，却知道他们的人生中少了些什么，也知道他们如果不去探索其他的可能性，便不可能带着满足的心情继续下去。在这些时候，我向他们提出的问题总是这样：“设想一下你即将离开这个世界，在弥留之际，你回首自己的一生，会为什么事情而后悔？这些事情，你是不是现在就可以开始改变？”人们对这个问题的回答，始终能袒露心迹，从这些交谈中浮现的目标，总是一些重大目标，通常涉及不可避免的动荡、不舒服和改变。而为了追求目标并抵达目标的终点线，我的客户们显然需要一种万能药：坚毅！这一品质，达克沃斯如今已确定，它是在举步维艰的条件下无可争议的出类拔萃的人们卓越的标志。

如果不具备坚毅品质，怎么办？能培育它吗

在心理学界，眼下亟待解决的问题是：我们能够培育坚毅品质吗？如果能，怎么培育？早期的一些研究及成果已经指向了某些前景光明的方向，其中最重要的是由斯坦福大学研究员卡萝尔·德韦克（Carol Dweck）开展的一些研究。她是《终身成长：重新定义成功的思维模式》（*Mindset: The New Psychology of Success*）一书的作者。德韦克发现，当孩子们在成长过程中由于他们天生的智力而受到表扬时，也就是他们在解答难题、画画、赢得比赛或者考出了优异成绩时，假如得到了“你真聪明”“你真是了不起”以及“这是你应得的”之类的表扬，会形成一种“固定的心态”，相信他们的优点和才华是与生俱来的、固定不变的。这将使得孩子们刻意回避自己可能失败的局面，因为他们需要保持良好形象，并且相信他们自己是特别的。如果有的事情无法让他们保持自己的成功形象，他们会觉得不值得做。

另外，当孩子们在长大期间由于自身付出的努力而得到表扬，而且这种表扬与结果无关时，他们将形成“成长心态”。这意味着，

他们开始相信，即使还没有掌握某些事情，但通过足够的努力与坚持，随着时间的推移，自己终将学会起初并不容易做到的事情。这些孩子在成长中学会了一种更坚毅的方法，并且不会放弃，甚至开始喜欢出现在自己面前的各种挑战。此外，在出现了令人沮丧的迹象或者有可能失败时，这些孩子不会轻易认输，他们相信，假如自己足够坚毅地继续前行，最终的结果很大程度上仍在自己的掌控之中。

达克沃斯在她的关于坚毅的研究中还发现，和许多其他的行为一样，比如戒烟、增肥、让自己开心等，坚毅也是传染的。她说，西点军校事实上已经发现，那些在“坚毅量表”中得分较低的军校学员觉得，当他们和坚毅得分更高的学员住在同一个房间里，往往会受益，这可能是由于，亲眼看到别人克服困难、想出更精明的方法来延迟满足，或者在面对挫折百折不挠时，也可以对他们产生积极的影响。达克沃斯和其他研究者说，最有希望的发现是，坚毅品质在我们的一生中不断增加，这意味着它是一种受益于特定干预措施并使得我们不断积累智慧的人生经历的品质。

镜像神经元与虚拟现实

关于人格特质的研究表明，我们某些最重要的优点，可以用来以更好的、更讲究策略的方式追求目标。当我们在学习某些新东西时，不论是游泳还是解答数学难题，随着我们对它产生了“和谐的热情”，便可以最大限度地克服学习过程中的单调乏味。而对自我调节的研究发现，我们可以采用无数种新方法来培育意志力，从正念练习到与虚拟化身并肩合作。事实上，在我看来，在培育坚毅品质方面，虚拟现实这一领域是如今尚未得到充分利用的最令人兴奋的领域。关于这个主题，我将在本书后面的内容中加以更详细的阐述。

此外，直到最近，我们才能够运用大量关于大脑运行的数据，以及众多可以揭秘抗逆力的测试。例如，关于镜像神经元的研究发现，当我们看着别人学习某件新事物时，我们也更容易去学。我们还从一些耐久性测试中知道，我们的身体只会在大脑告诉它要放弃的时候才会放弃做某件事。知道了这一点，我们便为自己很想放弃的时候制订有助于“换频道”的新的解决方案打开了大门。[12] 我们还知道，讲究策略地安排一些提示或暗示（比如图片或者鼓舞人心的话），可以使人们要么更加自律，要么更加松懈。[13] 和你自己达成“如果 – 那么”的合约，可以使你实现艰难目标的概率成倍增大。[14]

还有些什么因素有助于培育坚毅

由于坚毅是会传染的，是可以在人的一生中不断提升和增强的，是可以在追求宏伟梦想的过程中形成的，因此，我们将它的各个组成部分拆分开来，然后在我们的各方面能力之中加以培养，也是合理的做法。达克沃斯对坚毅的定义，暗示了我们需要培育的内容，包括热情、抗逆力和有意专注。但我认为，我们还需要了解我们处理人际关系技能的品质，关注生活中正性情绪的普遍性，观察意志力的“储备”情况，以便培育更加全面的、真正的坚毅。我在研究具有坚毅品质的人士的过程中注意到，他们中许多人还具备另一些至关重要的品质，比如耐心和好奇心，更不要说谦卑了。谦卑是一种能够吸引他人热情支持的可爱品质，具有这种品质的人们，将在实现自己长远梦想的过程中得到他人的帮助。

我为何如此关心？我自己变得坚毅的故事

我如此投入地在动机、目标、幸福和坚毅这个领域中开展研究，原因之一是，我发现我自己早年追求成功时所采用的准则，全都是错误的，因此备受挫折。失败的经历和刚刚成年时的重新振作，让我学会了怎样做一些为寻找适当目标而必做的事情，并且打起精神，坚持不懈地实现目标——同时，在此过程中，我培育了坚毅。我的经历告诉自己，坚毅一定不是专门为少数几个出类拔萃的人士而保留的品质；只要人们极其渴望做好某件事情，不让任何人阻止他们，直到最终实现了自己追求的目标或者离目标很近，那么，人人都可以运用这种品质。

当我还是小女孩时，居住在华盛顿市郊一个优渥的社区。根据测量智力和成功的其他外在指标，我很聪明，而且富有才华。这使我进入了合适的学校就读，但由于我一方面看重在家里表现得完美，另一方面则面临越来越大的压力，要在一系列的学术和课外领域中同样也表现完美，因此，我企图不惜一切代价来避免自己失败和表现得不完美。结果我开始走捷径，最显著的是在吃的方面。我没有在习惯和训练上做到自律，而是变得暴食，并且这种势头在我就读的私立学校和我选择的游泳这项运动中表现更甚。

你可能十分清楚，暴食症是一种进食障碍，主要特点是贪吃大量食物，但随后出现一些不好的行为，包括自我诱导的呕吐、吃过量的泻药等。在 7 年时间里，我就过着这种贪吃食物后躺在床上躲着不见人的生活，虽然我还保持着“对得起观众”的外表，却从来没有真正为我的大吃大喝付出过代价。如果说我也曾坚持不懈的话，我只是一直把这种行为严格保密，并且继续这样下去。我缺乏热情去尝试着停止这种生活或者寻求帮助，一部分原因是没有哪些专业人士真正知道如何“治愈”这种障碍，另一部分原因是，这给我的感觉是一种毫无希望的局面，我没有任何目标。

1983 年，我从哈佛大学毕业，一星期后，我便结婚了。但我最终意识到，从一所常春藤名校以优异成绩毕业并嫁给一个朝思暮想的大帅哥，并没有让我足以幸福到克服自己暴食症的地步，于是，我的生活陷入谷底。不过，1984 年年初，在那种深深的悲惨境地中，我找到了让自己变成“坚毅典范”所需的东西，达克沃斯也曾围绕我的人生历程友善地指出它们，我把它们记录在我的题为《夺冠的时刻》（*The Moments that Make Champions*）的 TED 演讲之中。

我确定，我想要的生活，不只是这种自我毁灭的生活，在今后的人生道路上，不管做什么，我都要让自己变得更好，而且我会孜孜不倦地寻找正确的准则。坚毅首先从热情开始，而我对生活充满了热情。我开始除了努力保持身材完美，还去寻找其他的幸福；不再想着我可以怎样成为唯一的赢家，而是回馈他人。“想要留住，必先赠予”是我在治疗强迫暴食症患者的“十二步骤计划”[一]的小组活动中听到的一个短语。假如我哪怕只有一天远离了强迫性的暴食，我便找一些可能帮助别人的有价值的事情来做，那会使我感到生活有目的，也让我谦虚待人。

于是，我平生第一次学会了怎样在诱惑、情绪摇摆、挫折、故态复萌、人际关系的挑战以及生活抛给我的无休止的弧线球面前坚持不懈。在艰难时刻，我不会求助于任何所谓“改变心情”的东西，包括食物、酒和娱乐性药物[二]；相反，我会想办法适应那些我之前一直深埋心底的不舒服的感觉。我远离那些与自己目标不一致的人和地方，而且，尽管内心并没有确定一个具体的结束日期，我日复一日、月复一月、年复一年地做那些让我变得更好的事情（不论是什么），最终坚持几十年。

在此过程中，我以自己完全恢复的经历为主题，写了两本书，分别是《我是卡洛琳》（*My Name Is Caroline*）和《卡洛琳的积极生活》（*Positively Caroline*），创下了两个第一。前者是第一本由某个克服了暴食症的人撰写的自传，后者是第一本由某个康复了30年的暴食症患者撰写的自传。在开始恢复历程之前，我并不具备坚毅品质，尽管如此，如今的我已经毫无疑问拥有了这种品质。正因为我知道自己选择了一条艰难的道路，并且在达到对我来说

[一] “十二步骤”康复计划是全世界尤其是在西方国家非常流行且有效的支援团体疗法，旨在帮助人们戒瘾，包括酒瘾、烟瘾、赌瘾、药物瘾、强迫性欠债瘾、爱情瘾、性瘾、暴食瘾、厌食瘾、堆积物瘾、互相依赖瘾、过度工作瘾等。——译者注

[二] 毒品的一种委婉说法。——译者注

极其重要的目标之前决不会放弃，所以，我也有义务和人们一道，帮助他们选择并追求将会点亮他们人生的目标，也帮他们培育坚毅的品质。我相信，如果我自己能够培育这种品质，别人同样也能。此外，如果我不把培育坚毅的方法“赠予”别人并帮助他人，我将无法“留住”自己已经找到的东西并尽情享受它。

艾琳的坚毅故事

几年前，在八月份一个没精打采的下午，一位女性打电话向我求助。她去看过心理治疗师，在治疗师的指导下，终于意识到自己不必去凝神沉思自己的童年时期、离婚经历，或者，也不必想着自己是不是个好母亲。相反，她需要感到自己的生活充满目的和意义，因此，她的医生建议她打电话给我，因为我会帮她负起责任并做出必要的改变，以实现更大的幸福与安宁。那位医生知道，我的方法不同于这位女性遇到过的所有方法。

我在电话里问她：“当你某一天回首自己的人生时，你可能会为自己没有做什么事情而后悔？”

她立即回答：“我想制作世界上第一部关于乳腺癌的音乐剧。”

我为人们提供教练服务的时间已经足够长，了解每个人都非常准确地知道他们自己缺少什么或渴望什么，而且这种感觉从不会出错。我的职责只是以众多不同的方式来挑战他们，以揭示那些事实，帮助他们实现愿望。此外，把梦想或希望移植到别人的脑海中，是可笑的行为。这是因为，假如我们对某件事情不是发自内心渴望的话，它不可能点亮我们的人生。事实上，由于我的客户的目标都十分独特，可以充分地激发他们的斗志，所以我明白，如果我去为他们虚构一些目标，绝不可能比他们多年来直接告诉我的那些目标更让他们感到值得或满意。

两年后，这位名叫艾琳·米恰德（Eileen Mitchard）的客户在《乳房展示》（*Breast in Show*）音乐剧中首次登台，后来获奖无数，经常赢得观众长时间起立鼓掌，并且筹集了数千美元资金用于癌症研究。艾琳从节目的成功中激发的热情与精力，点亮了她的人生，但不久后，她再遭打击，做了一次紧急的心脏手术，好在没多久就康复了。一年后，她学会了划船并开始跑步。当我最后一次听说她的消息时，尽管她已年近花甲，但能够轻松完成 5 千米和 1 万米跑，甚至半程马拉松[㊀]。她重新燃起了对生活的热情，并且着眼于使每一天都过得有价值。

当人们下定决心选择某个时刻来改变，以便将他们沉闷乏味的感觉与积极向上的热情区分开来时，艾琳好比一个教科书般的例子。不论改变的时刻什么时候到来——它可能在你年轻时就患上暴食症进而生活落入谷底之后到来，可能在你已至中年却没能做成某件事情之后到来，或者在你感到内心极度空虚并且生活漫无目标的时候到来——审视你的人生，下定决心朝着新的方向迈开脚步，可以取得改变人生的丰硕成果。与其迟迟不肯改变自己，不如抓紧现在这个时机。如今，我们每个人平均都还有 30 年的时间来使自己的退休生活比从前更加缤纷多彩。安联人寿保险公司

㊀ 约 2.1 万米。——译者注

指出，许多人现在拥有的额外时间，可以用来“抓住第二次机会做出一些重要的人生抉择。这些选择，假如你现在不做，将来一定会后悔。”[15]

多年来，一些客户告诉我，他们想去中国内蒙古自治区，骑着不带马鞍的马，沿着长城走一圈；想成为奥运会的参赛选手；想在自己的事业上出类拔萃；想在计算机领域开创报酬丰厚的职业生涯，以推出一种家常菜的外卖送货服务；想将自己从成天躺着或坐在沙发上看电视的人转变为铁人三项运动员；使自己从一个郊区的家庭主妇转变成具有创业精神的都市女性；辞去稳定的会计工作，转而照顾海外帐篷村中的患者，还有更多其他的目标。

那些接受临终关怀的人们最感到后悔的是他们过着别人的生活，而不是自己应当过的那种生活。我们从一些研究中了解到，人们不去追求他们最看重的目标，主要原因是害怕——害怕一切，包括成功、改变和失败。我从自身的角度来观察，也从自己的教练实践中了解到，最幸福的人，是那些在面对害怕情绪时敢于让自己不舒服，并且发现自己能够坚持下去，直到自己尽了一切可能的努力去实现目标的人。

在人的整个一生中，坚毅都是必需的

毫无疑问，人们已经确定，坚毅品质是许多方面的一项重要优势——它决定着学生的学业成就；使人们在严酷的环境中（比如军事训练和运动员的艰苦训练）做到卓越，以及在职场中脱颖而出。在职场中，能够在艰难时刻依然保持专注和毅力，是鼓舞人心的领导力的标志。但我认为，不论我们住在哪里、是什么人，或者想做什么，都需要坚毅。我们需要在克服成瘾的行为时保持韧性，以便过上幸福的生活。假如我们的孩子或其他爱的人有些特殊的需要，我们得做好面对长期挑战、不间断护理的准备，并保持警觉。我们还不能在面对经济不确定性、恐怖主义日益猖獗、不幸福的感觉四处蔓延等情形时畏缩不前，假若我们要做到事业兴盛、在中年之后重新定义我们自己，并且为我们的后代示范勇敢的行为，那就必须坚持不懈。

我从客户口中以及我演讲之后听众的反馈中了解到，问题并不是人们不知道坚毅的品质如此重要，也不是他们不想在情感上变得更加坚毅。问题是他们不知道怎样做到坚毅以及从何处开始。他们不知道怎样与消极的育儿行为或不良的社会影响做斗争，那些行为和社会影响，最终导向“足够好”的标准。他们不知道如何在这个寻求快速解决办法的遥控的世界中唤起足够的意志力。在这样的世界中，任何东西，只要轻轻点击鼠标便能获得，而如今，我们的注意力的持续时间，甚至比普通金鱼的还短一秒钟。[16] 他们还不知道，真正的科学可以帮助他们改变大脑、情绪和行为，使之变得更好。但是，假如你正拿着这本书继续读下去，你很快会知道所有这些，而且，你也将掌握一些工具来改变人生。

“如果你想改变世界，永远不要敲响铜铃”

2014 年，在得克萨斯大学奥斯汀分校的毕业典礼上，海军上将威廉·麦克雷文（William McRaven）用他鼓舞人心的 18 分钟演讲博得了满场喝彩，他演讲的题目是《改变世界的10种方法》。在演讲中，麦克雷文上将描述了海豹突击队学员遭受的种种折磨，包括在冰天雪地中被罚跑步，在一片漆黑的水下寻找方向，以及被迫在几小时的持续耐力训练后再做健身操。麦克雷文说，如果你想改变世界，那你必须“在泥浆已经漫至你的脖子时歌唱”“低头向障碍发起猛冲”，并且当你一个人在水底时，得克服自己的万分恐惧，“在和鲨鱼搏斗时猛击它的鼻口”。[17]演讲结束时，他讲到了他的“改变世界的10种方法”中的最后一种，并指出，海豹突击队的任何一位队员，都会在某个时刻想退出这种训练，因为他们不相信自己具备使自己坚持下去的品质：

> 在海豹突击队的训练中，有一个铜铃悬挂在军事训练区的中央，所有学员都能看到。假如你想退出训练，只要敲响铜铃就行。敲响了铜铃，你便不必早晨五点起床；敲响了铜铃，你再也不用在冰冷彻骨的水中游泳；敲响了铜铃，你再也无须长跑、跨越障碍和参加艰苦的体育训练——总之，你再也不必经受训练中的千辛万苦了。只要敲响铜铃就行。但是，如果你想改变世界，永远不要敲响铜铃。

假若你想学会怎样咬牙坚持下去，不去敲响铜铃，那这本书就是为你而写的，不管你原本生在何处，或者想要实现何种目标。书中的故事和研究成果，将为你提供希望、信心和方法，以更加强有力的全新方式去面对生活，并变成最好的、最坚毅的自己。你还会看到，当你变得更加坚毅时，你将鼓舞他人克服困难，与他们一道创造“了不起”的业绩。不过，在此之前，让我们先来观察怎样走到这一步。只有我们理解了我们怎么走到这一步，并意识到我们每个人可能会怎样削弱自己的坚毅品质，才能更好地使自己做好准备在正确的方向上培育真正的坚毅。

第2章

chapter2

坚毅已然不再

木盾、安慰动物以及拥抱者

2014年12月，我在纽约市发表了一次TED演讲，自那以后，我的电话就响个不停。妇女团体、公司、医院、外国政府、金融分析师、首席执行官、大学、体育团队、硅谷企业家等机构、团体和个人纷纷邀请我到他们那里演讲，他们想让我对他们和他们的同行谈一谈坚毅的重要性以及怎样培育这种品质。包括美国和澳大利亚在内的世界各国广播电台和电视台纷纷采访我。我还为Happify网站撰写了“提升坚毅品质”的系列文章。由于这种需求没有出现丝毫减弱的迹象，为了很好地应对，2015年，我聘请了一位经理人，尽管如此，我们还是难以满足世界各地受众的要求，他们想从我这里更深入地了解坚毅品质以及如何培育这种品质。

为什么会这样？从我获得的反馈中我了解到，多年以来人们便知道，在我们的大多数家庭、学校、社会、公司中，有些事情出了问题，但他们难以弄清楚问题到底出在哪里，也很难理解改变到底有多么紧迫才不至于太晚，直到他们听说有人将各种离散的要素用相关联的故事与研究成果全都联系起来。我相信，美国人对教育子女、学术标准，以及对上一代的某些重要文化规范的这种隐隐约约的不安，究其原因，部分在于许多美国人对这个国家朝着怎样的方向发展感到不安，加上对他们促成自己人生中的改变的热情感到不安。

我们怎么会到这种地步？为什么各公司纷纷聘请咨询师来帮助应对整整一代的成年人，他们中的许多人需要教练的指导，告诉他们怎样努力工作、准备上下班、尊重他人、谦虚待人？为什么这些公司觉得必须采取措施介入，首先教这些年轻人如何设定目标，怎样增强适应性，怎么正确对待批评，以及如何奋力追求卓越？这到底是不是千禧一代的错？我觉得不是。我认为，在整个这场降低了我们国家整体的坚毅得分的风暴中，我们每个人都有责任，我相信，我们每个人还得扮演好自己的角色，去改变那些导致坚毅得分下滑的标准与态度。

“我们把纪录榜藏起来了”

我想和你分享在这个“人人都是赢家”的时代中许多教育子女的故事，其中的一个故事表明，众多父母渴望不惜一切代价使他们的孩子觉得自己很特别和很快乐，这已然形成了一种提升孩子自尊的运动，但这种运动实在很愚蠢。不过，这个故事最有教育意义的是，孩子们对父母不再寄予他们很高标准，到底产生了怎样的感受：这使我更深地思考很多人在做些什么事情，以及为什么那样的教育子女的方法错得这么离谱。

20 世纪 90 年代末，我们明确地发现我们最大的孩子在游泳方面很有天赋，于是让他参加了位于华盛顿市郊的一个暑期联队，称为“蒙哥马利广场”。这个俱乐部曾创下一个令人震惊的传奇，我们刚一加入，就听人讲了：20 世纪 70 年代末和 80 年代初，克莱·布瑞特（Clay Britt）、丹·维奇（Dan Veatch）和迈克·巴罗曼（Mike Barrowman）三人从俱乐部队伍中脱颖而出，进而在全国、全世界以及奥运会的游泳比赛中名声大噪。迈克·巴罗曼甚至游出了美国游泳史上所谓的“完美的比赛”——在 1992 年奥运会男子 200 米蛙泳比赛中夺得金牌，并且创造了世界纪录。自那以后的 10 多年，他的纪录无人能破。

当我丈夫和我听说了这家俱乐部独特的历史后，想看一看俱乐部成员们的纪录榜，以便了解那些游泳运动员年轻时到底能游多快，而且我们知道，我们的孩子也会有兴趣了解。但让我们感到疑惑不解的是，我们听说那块纪录榜被人有意藏了起来。一位母亲板着脸向我们解释：“如果我们的孩子看到那些孩子们过去能游得多快时，可能会感到沮丧的。”因此，这些家长们没有用布瑞特、维奇和巴罗曼作为榜样来激励孩子（包括让孩子们学习他们的职业道德），而是集体决定，假如自家的孩子达不到这些杰出运动员的成绩，可能会感到很难过，以至于退出俱乐部的训练，或者，最起码对自己失去信心。

几年后，我作为一位 A 队的家长代表出现在泳池旁，决定趁此机会改变一下这件可笑的事情。我找来俱乐部曾为暑假联队做的最大的纪录榜（至少，俱乐部里的人是这么对我说的），把美国著名游泳运动员在他们全盛时期的图片贴在纪录榜上，并且附有他们在游泳项目上取得的卓越成就。不仅如此，我还将这三名游泳运动员请回来，参加蒙哥马利广场俱乐部的公开揭幕仪式并到游泳医务室参观。结果，这两个地方被来自数十家俱乐部的游泳选手围得水泄不通，他们都想亲眼看一看这三位杰出运动员。[1]

我发现，游泳选手不但没有由于纪录榜摆出来而感到慌乱，而且还出现了另一种截然相反的情景。每次有对手来蒙哥马利广场俱乐部参加比赛，孩子们的第一件事便是簇拥到纪录榜前，看一看纪录榜上写着的标准是什么，以便他们评估自己必须游得多快，才能榜上有名。我们自己的游泳选手也一样，每次完成练习后，都站在纪录榜前比比画画，可能在想象他们自己有朝一日也能游那么快。

我最喜欢的关于纪录榜的故事涉及一位名叫本·戈登（Ben Gordon）的年轻人。2003 年，我们第一次把纪录榜展示出来时，他只有 15 岁。在随后的两年里，我经常看到他坐在纪录榜附近的遮阳篷下面，有意识地凝神注视纪录榜。终于，在他即将上大学并告别联队的几个月前，他找到我，说出了他的想法。

“米勒太太，我想我能够游出纪录榜上记载的成绩。”他一边说，一边指着榜单上记载着的 15 岁到 18 岁男子 100 米仰泳的成绩。榜单上的成绩非常好，是由我们的纪录榜获奖者克莱·布瑞特保持的，他在自己的运动生涯中曾打破过世界纪录，并三次夺得美国全国大学生体育协会 100 米仰泳金牌，但由于美国抵制 1980 年奥运会，他参加奥运会的梦想就此破灭。

本·戈登告诉我，他想尝试着在接下来的主场比赛中打破榜单上的纪录，这意味着我们需要在他的泳道上准备 7 个计时器，使得所有记录的时间都尽可能正式。我兴奋地为他做了安排，并在比赛的那天充当广播员，播放了《洛基主题曲》。比赛即将开始时，我告诉观众，本·戈登正在全力以赴打破纪录榜上一项最长时间无人打破的纪录，希望全场观众为他加油助威。

如今，每每想起那个上午的情景，我仍然十分激动。当本·戈登一头扎入水中开始比赛时，来自两支队伍中的数百个孩子和大人把游泳池边挤得水泄不通，高声呼喊着本·戈登的名字，并且不停地鼓掌。当他在水中奋力向前游时，气氛热烈到了顶点。最后，等他完成了比赛，一只手碰到游泳池壁时，所有负责计时的工作人员都拍打着手中的秒表，相互比较着计时的结果，脸上绽放着笑容，因为本·戈登最终打破了纪录，比原纪录快了 1/10 秒。本·戈登也在泳池中开心地笑了，兴奋地挥舞着拳头，观众则长时间欢呼，高声叫喊，向他和他的气魄表达敬意。

这个故事的寓意是什么？至少，我亲眼见证了孩子们生活中的竞争和树立的高标准并不会威胁他们或者让他们不幸福。正好相反，为孩子确立高标准，以便你知道杰出人士的表现是什么（我觉得许多人在内心都渴望做到那样），可以使我们设立远大目标、更加奋力拼搏、测量进步情况、评估真实水平。当我们正在奋力做好某件获得应有的认可的事情时，比如打破一项游泳纪录，那一刻的自豪，使得此前犯过的任何错误都显得不值一提，也胜过有些父母错误地给出的轻易表扬，他们误以为应当用孩子容易实现的目标来取代艰难的目标。

赢得比赛！复活节彩蛋、胖老鼠和彩色跑

听过我演讲的听众总是喜欢观看一段视频，那是 2015 年 4 月在加利福尼亚首府萨克拉门托市举行的寻找复活节彩蛋的活动。那一次，主办方试图打破该活动的世界纪录。在活动现场，从这个城市出生的数千个孩子争夺着 50 万枚里面装着钱的彩蛋以及场地周围藏着的各种特别的奖品。现场很快陷入一片混乱，因为家长们都在和其他的大人甚至别的孩子相互推推搡搡，以便获得奖品。

一位名叫特莎·穆恩的母亲对记者惊呼："太恐怖了。"她把孩子们紧紧抱在一起，以求保护他们，并且说道，大人们为了尽可能多地为自己孩子抢到彩蛋和奖品，甚至无情地推开一些只有两三岁的孩子。

不幸的是，这样的故事并不罕见。我的文件夹中塞满了各种各样描述父母们不顾廉耻、不择手段地（甚至不惜违法）为他们的孩子赢得比赛或者获得优势的故事。对这些企图为自家孩子消

除所有威胁的父母，人们送给他们一些绰号，包括“直升机父母”“扫雪机家长”以及“割草机父母”，等等。但是，这些父母不只是停留在赢的层面；他们还寻求为孩子的人生消除所有障碍、困难和痛苦，确保孩子永远不会品尝失败或失望的滋味。假如他们没有得到他们想要的东西，几乎不可避免地会发起一场诉讼，至少是威胁采取法律行动。

这种现象在不同的经济环境中以令人不安的方式出现在体育领域。人们知道，当一些有经济实力的父母认为他们的孩子没有获得足够的上场比赛时间时，他们会控告球队和教练，而在一些相对弱势的群体中，教练、父母和裁判通过口头争吵和互相斗殴来解决相互之间的怨恨的事例则屡见不鲜，这使得孩子们很早就亲眼看到，在“赢得比赛就是一切”的理念下，发挥着榜样作用的成年人可能会采取怎样的行为。人们还发现，有些教练告诉他们的队伍故意输掉某些比赛，以便接下来几轮的比赛更容易一些，从而让孩子们无法从体育比赛中获得最宝贵的人生经验，包括学习怎样为实现遥远的目标而刻苦训练，努力成为具有凝聚力的团队中的一分子，总是全力以赴朝着目标迈进，以及有风度地对待输和赢等。

由于这种教育子女和训练队员的方法，一个最典型的结果是它所创造的“奖杯文化”，2004 年拍摄的电影《拜见岳父大人》（*Meet the Fockers*）嘲讽了这种文化。在电影中，本·斯蒂勒（Ben Stiller）饰演的男主角的父母骄傲地向他的未婚妻的父母展示他获得第九名的绶带。这种自尊运动，最大的赢家是奖杯行业，据统计，该行业的规模自 20 世纪 70 年代以来急剧扩张，如今每年能赚30亿美元。讽刺的是，这种运动的输家则是孩子们自己。在这种文化的熏陶下，他们了解到，要宣称自己的特别之处，只需炫耀自己一番就行。

而这不仅仅影响孩子们的动机；根据研究人员的研究，它还改变了孩子们的大脑。研究人员说，孩子们因为什么都不做而得到奖励，会在大脑中激起一种“部分奖励灭绝效应”。[2] 例如，在一个科学实验中，当老鼠身在迷宫中，不去探索迷宫的出路或者根本不走动时，假如实验者给它一些糖水，那它将学会只是坐在那里等待这种奖赏。因此，它会坐下来，慢慢地长胖，并且失去探索迷宫出路的所有好奇心。发现了这与我们探讨的主题的相互关联吗?

过度奖励出色的运动技能的后果，甚至比人们想到的更加可怕。《华尔街日报》曾发表一篇引起广泛讨论的文章，作者在文章中哀叹，奖杯文化已经影响了当代的马拉松运动员，和以往的运动员相比，他们跑完马拉松全程的时间多花了44分钟。[3] 美国跑步协会的官员追踪观察了这样一种现象：当孩子们无论是跑完4秒钟、4分钟或4小时，获得的都是同样的奖励时，他们刻苦训练的动力会大为减弱。如今，各种各样的庆祝仪式，只需要跑步者参与，便能获得奖励，比如广受欢迎的“彩色跑”活动，㊀它不对跑步者计时，而且跑步者会被从头到脚抛撒彩色粉末。对这种活动，

㊀ 彩色跑（The Color Run）是一项2011年发源于美国的运动，称为“地球上最快乐的5公里赛跑”。参加者身着白色T恤，跑步过程中经过不同的彩色站，会被从头到脚抛撒彩色粉末。——译者注

一位官员感叹："彩色跑活动，再没有什么竞争可言了，只是一场游行而已！"

"都是父母的原因！"

"奖杯文化"还出现在学术领域，这是我在自己曾经就读的华盛顿特区精英女子预科学校中亲眼所见。这所学校名叫国家大教堂学校，学生全都是女生，由于只从报考学生中招收少部分学生并随后为美国少数几家名牌大学提供优秀的女学生而享有盛誉。我在这所学校念了 9 年书，从中感受到了高标准的具有挑战性的教育氛围。20 世纪 90 年代末，我在学校的女校友座谈小组上做了一次演讲，谈到自己出书的过程。演讲结束后，我围着学校走了一圈，想感受一下这里的浓厚学术氛围，并趁此机会与学生们交谈。很快，我走进了一条长长的大理石走廊，在装饰华丽的长廊中漫步，发现长廊的两侧贴着数十年里曾在国旗纪念日仪式上赢得学校最高奖励的女孩的名字。

要知道，这所学校的学生全都是聪明绝顶且多才多艺的女孩，如果能在国旗纪念日仪式上获奖，是件令人高兴的事情，而我以前在这里念书时，只获过一次奖：主教优等生奖。这个奖项并不是人人都能获得的，它要求学生在整个高中阶段所有课程都能拿到不低于 B 的成绩，但它对我来说还有别的意义，因为它认可我在各方面的卓越。那个下午，当我沿着走廊一路走去，看着从 20 世纪 80 年代以来的获奖者名单时，却发现怎么也找不着最近几年的获奖者名字了。我在走廊里四处看了看，没有看到别的地方还有获奖者的名字。我感到一头雾水，带着满腹狐疑走到女校长的办公室，看看她有没有空告诉我这份获奖者名单转到哪里去了。

“艾吉，主教优等生奖的名单到哪儿去了？”

女校长名叫艾吉·安德伍德（Aggie Underwood），在我毕业以后就担任校长，她从不拖泥带水，因此我庆幸能在她难得的空闲时间逮着她问这个问题。她听到后，脸上挂着无奈的微笑，看了我一眼，然后低头望着办公桌，最后终于带着放弃的微笑抬起头来。

她说：“卡洛琳，你在的时候这所学校的情况，和现在这所学校的情况不同了，差别就在于家长们。以前，这个奖是有意义的，但后来，我们开始接到一些家长打来的电话，他们说，学校不能给孩子打出低于B的分数，因为那样会有损孩子们上大学的机会。他们让我们太难办了，如果给孩子的分数都高于B，意味着赢得这个奖励的孩子将越来越多，甚至会出现全班一半的孩子都能获奖的情况。这么一来，这个奖就彻底失去意义了，因此，我们取消了这个奖项。”

虽然我听说过分数膨胀以及用户（说到大部分的学校，这里的“用户”是指家长）提出的众多要求，但我以前天真地认为，这些趋势并不会蔓延到像国家大教堂这类的学校，要知道，这所学校一贯保持严谨和高标准，学校师生在此过程中感到十分自豪。但我想错了，我在其他地方也都看到了这样的趋势，很少有例外。事实上，在2015年6月，俄亥俄州的一个社区曾指定222名高中毕业生作为告别演说者，因为泛滥的分数膨胀造就了这么多的“赢家”！[4]

无论需不需要孩子付出必要的努力都让孩子赢，并且把这些大人以为孩子们“需要的”东西给孩子，使得孩子们更容易在下一个阶段上继续刷新更多成就，如今，这已成为一种十分普遍的现象。普遍到什么地步？当你能找到一家不这么做的教育机构时，反而会觉得讶异。但是，训练孩子追求卓越和变得坚毅的地方，正是这些地方啊！

反感真正的赢家

太多的孩子被宣称为“赢家”，他们已经习惯性地感到自己很特别，而且别人也说他们多么有才华，这样一来，要让他们在某些背景中承认和褒扬真正的卓越人士，就变得很难了。例如，最近社交媒体上源源不断流露出的对全美拼字比赛获胜者的憎恨，让人倍感震惊。很多人不是赞扬这些获胜者表现出来的素质（也就是说，这些获胜者比没有进入最后一轮的任何选手都更加刻苦地学习和准备，这一点也在安吉拉·达克沃斯的研究中得到了体现），而是指责印度裔美国人“偷走”了这些本该由“真正的美国人”的孩子们获得的桂冠。[5]

有时候，尽管人们不去嘲笑那些获胜者，但却忽视或排挤那些取得了卓越绩效的人。2016 年，得克萨斯州一个公立高中学区拒绝让毕业生佩戴美国国家荣誉生的徽章，原因竟是“避免疏离其他学生”；另一些学校则完全取消了分数和告别演讲者，因为“这种竞争不健康”。[6]我孩子就读的贝塞斯达切维蔡斯高中则不偏不倚地对待这个国家人数最多的一群“超级浓缩的精华”（也就是取得卓越成绩的健康的和聪明的学生），2016 年，该学校决定不在每季度举行的点心活动上举行表扬全优生的仪式，部分的原因是，这鼓励了“竞争”并制造了“压力”。在这个学区，这种竞争压力显然“过于有害”，以至于学校董事会投票决定，不顾老师们的反对，取消所有高年级期末考试。老师们觉得这是一个错误的举措，会让学生们想不出到学校上课或在高中的最后阶段刻苦学习的理由。

到底谁需要分数

在我的孩子从小到大接受教育的过程中，我亲眼看见的一种最古老的趋势不只是普遍的分数膨胀，而是这种现象的一个奇特的变种：根本不要分数。人们对当代学生面临的压力以及在学校中的学习任务量有些担心，关于这种担心，有些讽刺意味的是，当代学生所受的教育，实际上已经不如以往的学生那么严格，掌握的知识也不如以往的学生那么丰富，尽管如此，今天的学生仍然觉得他们比以前的学生更聪明。此外，他们学得也不如他们的父辈那么多，部分的原因是要克制电视、高科技产品和智能手机等无数令他们分心的事物的诱惑。[7]但他们却期待高分，并且认为，只要到学校上课了，至少应当能拿 B 的分数。[8]研究表明，20 世纪 60 年代，学生的平均得分为C，⊖当时的人们认为，这个分数还算是过得去的，但如今，在包括常春藤盟校在内的大多数学校中，实际上已经没有了分数曲线，例如，像哈佛之类的学校，平均分数为A-。[9]

正如我想象的那样，我的高中母校的老师并不同意让很多女生都持续拿到高于B的平均分数（不管她们的成绩到底怎样），以获得主教优等生奖，同样，哈佛大学的一些教授发现，消除分数曲线的做法很可笑，并不能培养出能从相互冲突的信息中筛选出有益信息以提出自己独到见解的优等生。[10]有的教授迫于家长的压力，给学生打出“正确的”平均成绩，使其能够继续到一流的研究生院深造。对这种压力，在哈佛大学政治管理系任职时间最长的终身教授哈维·曼斯菲尔德（Harvey Mansfield）在斯坦福大学胡佛研究所举行的一次采访中表达了自己的鄙视。[11]他描述了自己“具有讽刺意味的打分”过程。之所以设计这种方法，是为了确保学生们不会欺骗自己，认为他们理应得到一个他们实际上并没有真正努力赢来的高分。

曼斯菲尔德是这么做的。到了公布成绩的时候，他把学生召集到自己办公室，让学生坐下来，递给他们一张打有字母分数的纸条。他告诉他们，他会把这个高分送给学校的分数统计办公室，作为他们正式的成绩。接下来，他再给学生们递上第二张纸条，纸条上是另一个分数。他说：“这个分数，才是你应该得到的分数。”众所周知，第二个分数对学生们很重要，因为他们和我们

⊖ 字母评分制是美国中小学法定学科（英语、音乐、艺术、社会科学等）的最常见评分方法。其中规定，“A”是最高分，“F”是最低分，中间依次是“B”“C”和“D”。——译者注

所有人一样，知道自己并没有在学习上付出努力时，只能拿这么多分。

虚假的表扬和膨胀的成绩单根本无助于学生培育真正的自信，而诚实的反馈和较高的目标，却十分有助于学生们了解自己的真实水平，也让他们知道，要想真正表现卓越，还必须做些什么。如果曼斯菲尔德在第二张纸条上也给某个学生打了高分，那是他本人和那个学生始终都引以为豪的分数，因为每个人事先都知道，真正的成功迹象，要对照艰难而透明的标准才能察觉。如今，优秀高中毕业生的头衔好比贬了值的货币，已经十分常见，但要让曼斯菲尔德给学生打出高分，好比在一堆硬币中找出一枚金币那么艰难，确实是“万里挑一”。你觉得哪种情况对学生来说更有分量？假若你想培育真正的坚毅，你会选择哪种方法？

尽管我毫不怀疑学生们可能利用也确实利用宽松的打分标准和容易得到的 A 的分数（我自己的学生也时常这么做），但我不太确定，这到底是不是学生们真正想要的或渴望的。事实上，有证据表明，学生们发现他们的学业太容易了。例如，美国国家教育统计中心进行的一项每两年开展一次的调查发现，37% 的四年级学生感觉他们的数学课程没有挑战性，51% 的八年级学生认为他们的历史作业“常常”或者“总是”太容易。[12]

我从来没有通过给予客户的孩子空洞的表扬而帮助孩子培育坚毅，或者一心为了赚客户的钱，只和他们进行气氛和谐的交谈，不向他们如实地提出关于孩子在实现目标上取得怎样进展的反馈。假如我们给孩子们撑腰、让他们的自我意识膨胀、避免艰难的对话，或者拒绝提出难以回答的问题，不可能很好地服务于孩子或者帮他们发挥自身潜力。如果我们决不允许失败，那怎么知道自己是不是在朝着正确的方向前进？拿走那些帮助人们调节自身努力、评估自身动机并且更加勤奋学习的数据，与他们追求卓越和培育坚毅的目标背道而驰，也可以说是鲁莽和矛盾的行为。

茶杯、雪花以及安全空间

尽管千禧一代的父母在养育他们家的“雪花”（即像雪花那样容易在高温下融化的漂亮而独特的孩子）和“茶杯”（脆弱的和容易心碎的人们）时十分密切地予以关注，但是，根据这个时代“科学的”建议，他们一定不是第一批在为人父母的判断上失误的人。不过，千禧世代的确与众不同，他们的父母在养育他们时，把他们看成是需要在这个可怕世界中获得保护的人。首先，当他们被父母从医院里转到用来保护婴儿的房间时，这种保护就开始了。房间里到处都是插座的盖子、柜门锁、对孩童安全的盖子，房间外边还有大门，所有这些，意味着孩子得到了父母的高度保护。父母还充当孩子的私人司机，让孩子坐在带有缓冲装置的汽车和手推车中，而孩子们坐或躺的地方，必须达到安全的规范。如果他们要去操场——由于大多数孩子在警觉的父母和保姆的严密看管下，很少冒险离开他们的家或后院，因此，到操场玩的情况可能不会发生——他们的父母会在操场周边放置更多无害的塑料，而且，每个秋千上都装有安全带。

我们爱我们的孩子，担心他们受到伤害（一些不好的事情也确实发生过），我们的那种担心，促使我们将孩子的环境变得“更加安全”，却忽视了这样一个现实：培育坚毅品质，包括让孩子学会怎样冒险，甚至暴露在不期望的疾病与挫折面前。[13] 太多的X世代和千禧一代并没有像他们的前辈那样从这些艰难困顿中受益。他们渐渐地熟悉了像鬼抓人和躲避球之类的童年游戏，而像乘雪橇之类的活动，则在他们的学校和社区中被禁止，因为这些活动代表着“危险”。几乎没有人学习怎样驾驶手动挡汽车或平行停车，因为自动驾驶的汽车根本不需要驾驶者胜任驾车，只要能开高尔夫球车的人都会。同时，孩子们只要外出，父母总让他们带上手机，告知父母自己到哪儿去以及怎样去。手机还会将孩子们在外边的一举一动的信息传送到这些“直升机父母”的电脑上。

有的父母甚至采用更严密的手段来保护孩子不受伤害，从遮住插座发展到遮住他们青春期前的孩子与青少年儿童的眼睛和耳朵，使孩子听不到或看不到任何让他们不高兴的东西。这包括在让孩子看到真实成绩单方面，曾有一所招收小学生的犹太高等学校建议，老师必须有“极大的自由裁量权”来决定让不让孩子看他自己的成绩单，这是因为，假如某个孩子听到了批评的声音或者得到了不好的分数，可能会给他造成潜在的创伤。如果父母们害怕这样的结果，学校要给他们打印虚假的成绩单，以免孩子产生不好的感觉。[14]

有的人认为孩子太难接受真实的分数，不仅如此，许多小学、初中和高中学校还应家长们的要求，禁止孩子接触他们的父母认为不适合孩子的书籍和主题，包括《哈克贝利·芬历险记》和《哈利·波特与魔法石》等。过不了多久，这些智力上脆弱的青少年会升入大学，而如果他们觉得某次讨论“触发了”对自身感觉的伤害，他们会向教授甚至身边的同学提出正式投诉，抗议教授和同学所谓的“微侵略”。这种投诉将导致其他学生的档案中出现不良记录，并使那些说学生“恐吓”了自己的教授的职业生涯受到影响。[15]

有的学生只要听到附近的某种讨论或争辩，便说这让自己产生“不安全”的感觉，对这些学生，受邀到大学发表演讲的嘉宾也在想方设法避免冒犯他们。事实上，五月如今已称为“取消邀请的季节”，因为太多的毕业演讲嘉宾由于“安慰”问题被取消邀请（过去的 15 年里共有 43 位这样的嘉宾）。被取消邀请的嘉宾包括总统历史学家多丽丝·卡恩斯·古德温（Doris Kearns Goodwin）、国际货币基金组织主席克里斯蒂娜·拉加德（Christine Lagarde）、美国前国务卿康多莉扎·赖斯（Condoleezza Rice）以及前总统乔治 W. 布什（George W. Bush）和贝拉克·奥巴马（Barack Obama）。[16]

美国最高法院法官安东宁·斯卡利亚（Antonin Scalia）去世后，人们对他称赞有加，其中一点是：他在撰写自己的司法建议时，总是至少选择一名法官助理来反对他的观点并提出不同观点。[17] 没有安全感的领导者可能犯下的严重过失是让自己身边充满唯唯诺诺的人，而像斯卡利亚这种自信的、成功的领导者，则总是让自己能够听到不同的观点，以便做出的最终决定尽可能以最多的事实为依据。如果我们将新一代的年轻人养育成听不进他们并没有掌握的以及不赞同的任何观点的人，那我们一定会使他们缺乏信心和谦卑品格来寻找数据的支持，而不论他们想做什么，努力寻求数据的支持，有助于他们变得更优秀，这也是坚毅的必备组成要素。

关于大学生感到自己是受害者的问题（加上严重的焦虑症与抑郁症令人震惊的流行）的故事实在不胜枚举，而且这个问题也日益失控，以至于我们难以挑选最恰如其分的故事来阐明这种现象怎样很大程度破坏了坚毅品质的培育。[18] 这里只是几个典型的故事，它们表现了校园内正在发生的事情，也应当让我们所有人都不安地发现，我们的社会到底怎样妨碍年轻人形成坚毅情绪，怎样妨碍他们从持反对观点的人们身上学习，同时，我们也将从这几个故事中了解到，年轻人正变得越来越在乎自己的感受，而把别人的感受排除在外。

几年前，布朗大学举办了一场关于校园中强奸文化的辩论会，结果导致一些学生抗议。抗议的学生说，只要他们附近的人持两种不同观点，就会导致他们受到伤害。为回应抗议者，布朗大学当局开辟了所谓“安全空间”，在其中，对于发生在距离学生一英里范围内的危险对话，学生们都不会感受到威胁，而是得到保护。针对这种做法，《纽约时报》在一篇题为《在大学里躲避可怕想法》的专栏文章中描述道，在辩论会举办的当天晚上，布朗大学的安全空间中接待了几十位愤愤不平的学生，他们抵达后发现，房间里灯光柔和，摆放着五颜六色的书本和巧克力夹心饼干，还有几台电视机正播放着小狗在嬉戏追逐的视频。[19]

并非所有的大学都对抱怨缺乏安全感的学生采用与布朗大学

同样的这种胆小做法。2015 年，俄克拉何马州卫斯理大学校长埃弗雷特·派珀（Everett Piper）向全校师生发表了一封公开信。在一个星期天的上午，派珀围绕爱的主题对学生进行过一场训诫，后来，一位愤怒的学生对他说，自己和同伴理应获得他的道歉，因为他们在训诫期间感到不舒服。为什么？因为派珀校长的训诫暗示，假如学生们没有以同样的方式表达爱，那就是对他们的一种批评。没想到，派珀校长非但没有道歉，反而对师生写了另一封措辞尖锐的公开信，在信中对这种受害者心态的文化的盛行提出了自己的批评。

他写道："我们的文化实际上在教孩子们热衷于自己的想法和自我陶醉！不管什么时候，只要他们感到自己被伤害了，他们就是受害者！任何胆敢质疑他们并因此使他们对自己'产生不好感觉'的人，就是'憎恨者''偏执者''压迫者'和'加害者'"。派珀最后说道："俄克拉何马州卫斯理大学不是一个'安全的地方'，而是一个学习的地方，在这里，你将学到：生活并不是关于你的，而是关于他人的；你在聆听训诫的时候产生的不好感觉，称为内疚感；消除这种内疚感的方式是对你自己做过的所有错事进行忏悔，而不是指责别人的过错。在这里，你将迅速了解到，你需要成长！这里不是日托中心。这是一所大学！"[20]

一些校友通过拒绝捐款的方式，表达了他们的学校对学生的要求做出让步的这种做法感到担忧，并说这是"唯一可以产生影响的杠杆"。艾姆赫斯特学院 99 级的学生罗伯特·朗斯沃斯（Robert Longsworth）是他家里第 7 个上这所学校读书的人。他告诉记者，由于大学校园取消了学校的吉祥物，再加上其他一些问题，为表示抗议，他辞去了班级代表和纽约市校友组织负责人的职务。他说，艾姆赫斯特学院“如此固执地完成这种政治性任务，而不是坚持自己作为一所高等教育机构的原则”。[21]

另一些大学在新生踏上校园之前就划定界线。2016 年 9 月，芝加哥大学的学生工作部主任对新生发表了一封欢迎信，宣称该校将成为安全空间中的安全空间：“我们的使命是坚持学术自由，这意味着我们不支持所谓的触发警报，也不会由于演讲嘉宾的主题可能引发争议而取消邀请他们，而且，我们不会容忍所谓‘安全空间’的创立，这些空间的作用是使学生们听不到与他们的观点和看法相悖的其他人的声音……见解和背景的多样性，是我们社会的一项根本优势。作为这个社会中的一员，必须能够自由地信奉和探索各种各样不同的理念与观点。”[22]

当年轻人不是为了有意义的事业而争辩，而是不想听到任何与他们的观点相悖的事情，或者是为了与他们认为是批评的观念相斗争而质疑大人和学校时，我们需要更多的成年人和学校像埃弗雷特·派珀校长与芝加哥大学那样坚守自己的原则。若是我们允许年轻人沉湎于这种只注重自己的想法和感受以及只认为自己是受害者的心态，又怎么去培养他们的坚毅？

安慰动物现象

当我们的三个孩子全都离家上大学时，他们最想和我们全家心爱的雪纳瑞犬保持联系。这条小狗名叫哗啦（Splash），对孩子们的生活极其重要，而且，这种小狗也是许多人童年时的宠物。孩子们通过社交软件和我联系时，我不得不把自己的笔记本电脑放在地板上，以便孩子们能够看到哗啦的样子，听到它的声音。我们的小狗在 15 岁的时候死去了，这成了孩子们有生以来最难过的事情。我说这些，因为我对那些想把自家的宠物带到大学校园的学生完全能够感同身受，而且，一定有许多年轻的成年人在遇到情感上的挫折时，需要一些“安慰动物”，因为这些动物的存在确实纾解了他们的情绪。但是，和许多原本怀着好意的事情一样，把动物带到大学校园的这种趋势，只会使这一代人更难应对年轻人必须面对的日常生活中的挑战与挫折。

这里介绍的两个例子都涉及小猪，两个例子都展示了这种“安慰动物”的荒谬。一位大学新生带着她那可爱的小猪抵达华盛顿州立大学，小猪重 95 磅㊀，但十分害怕进入学校里的货物升降机，也拒绝登楼梯，于是，主人不得不整天和它在二楼生活，并让它在一个垃圾箱中排便。由于小猪的气味难闻，加上啃坏地毯和家具，其他学生便开始投诉，但学校对此爱莫能助，因为根据《美国残疾人法案》的规定，学校必须为宣称具有心理健康困难的学生提供住宿。最后，大学不得不把该学生转到另一个房间，房间前有供小猪出入的坡道。假如不这么处理，带着小猪上学的学生有可能对学校提起诉讼。和被迫应诉相比，学校采取这一措施，明显更划算一些。[23]

在另一个例子中，2014 年感恩节的前一天，一位 29 岁的女性

㊀ 约合 43 公斤。——译者注

带着她的“情感支持”小猪登上了一架装满了乘客的飞机。[24] 看到小猪开始在地板上排便，而且小猪的主人把它绑在扶手上并称它为“混蛋”时，小猪痛苦地大叫起来。最后，全美航空公司的工作人员领着那位女性和她的小猪下了飞机，理由是她和小猪“制造混乱”，但航空公司这样做，有可能被交通部罚款15万美元，因为根据1986年的《航空运输无障碍法案》，航空公司必须准许乘客携带“情感支持”的动物登机，就像各大学要遵守《美国残疾人法案》一样。

突然出现在飞机上、列车上和大学校园中，以帮助越来越多的焦虑和抑郁的年轻人应对生活的动物，小猪还不算是最奇特的。社交媒体上广为流传的一张照片显示，在达美航空公司的班机上，有名乘客将一只火鸡扣在座椅上。跟在这只火鸡身后穿过机场登机的一些乘客说，在登机口，火鸡甚至还被那名乘客扣到一辆轮椅上，接下来，它在公众的惊诧的目光注视下，被人牵引着穿过航站楼。[25]

这些例子以及别的一些例子表明，任何对羽毛过敏或者存在其他类型过敏或问题的旅客，都不得不痛苦地对抗这种带着安慰动物旅行的新趋势。假若某人必须让自己得偿所愿，坚持让他们携带的安慰动物或者自己的脆弱行为成为其他人眼中的问题，那么，他也就不打算去学习怎样培育真正的坚毅。事实上，拒绝承认他人界限的重要性，并且不替他人着想而解决人生新阶段的问题，属于“倔强的坚毅”。虽然有些人可能真正需要别人的容忍才能过完一生，但更多的人需要想一想，他们是否允许自己将“安慰动物”带在身边太长时间，以及是否该测试一下他们自己的内在力量。

最后，这群带着安慰小猪、分数膨胀并且有着脆弱的自我的年轻人，通常将一种权利意识带入到职场中，而各公司必须时刻加以留意。千禧一代如今是职场中的最庞大人群，因此，每个人都要考虑如何聘请、培训，有时候还需要激发这一代人中最有发展前途的候选者。由于太多的千禧一代没有尽心尽力对待工作，因此，对于从事招聘工作的人们来说，这变成了失败产生的根源。

我常在人力资源专家的大会上发表演讲，这些专家负责招聘、培训员工并监管他们所在组织的文化。缺乏坚毅和如何解决这一问题，是他们面临的热点问题之一。一次，我在华盛顿特区一个人力资源专家集会上发表完演讲后，一位中年女性上台演讲。她在演讲中说，她最近向一位三十来岁的女性员工递交绩效评估报告时，后者一听说她打出了“符合期望”的评价，立马大哭起来。演讲的人力资源专家告诉台下观众，自己最后终于意识到，有些千禧一代将“符合期望”视为 C 的得分，而如果他们没有获得“超出期望”的评价，会觉得自己的世界快崩溃了。

这种情况发生时，千禧一代可以转向一种新型的专业人士来求得安慰，那便是:“拥抱者”。拥抱者会在 50 个与性无关的场合，以至少 16 种状态来“握紧、逗笑和紧紧抱住你”。他们的收费标准可能从每分钟 1 美元开始，如果是长达整晚的安慰，费用高达 425 美元。[26]

世界现在需要什么

当我们观察许多千禧世代以怎样的方式被养育成人并受到文化熏陶时，从他们呱呱坠地的那一刻，到他们获得人生第一份工作之时，我们不难发现，为什么他们对坚毅品质知之甚少，也就是说，他们几乎不知道坚毅品质为什么重要，它能让自己得到什么或者怎样来培育它。当你不需要勤奋学习和刻苦工作也能获得奖赏时，当你的父母为你扫除了这个世界的艰难困顿时，当认定为卓越的标准已经降低为平庸时，以及当工作的单位为你提供津贴，比如提升午餐并补贴交通时，为什么还要设立远大的目标呢?

如果这些年轻人中的任何一位确实想要设立和追求艰难的目标，假如他们在此之前从来没有必要这么去做，那他们从哪里获得必备的技能呢?他们将以怎样的方式来了解延迟满足以锻炼意志力的重要性?谁会成为他们的榜样?他们将怎样学习设定目标并树立责任心，使自己在实现目标的道路上保持正轨、确立中心并继续前进，直到最终抵达终点线呢?如果很多人好比坐在同一条船上，那么，他们将以什么人为核心来形成具有感染力的支持圈子呢?同时，假如他们不必听取或参与针对他们的绩效或重要观点而举行的尖锐探讨，他们会怎样拓展自己的思维，使自己成为具有创新性、创造力和前瞻性的专业人士?

我们在树立真正的坚毅时，便在为自己更加繁荣的人生打下坚实基础。所以，让我们更多地了解它，也了解我们需要做些什么来避免自己落入某些破坏型的坚毅之中，那样的话，既对我们自己没有好处，也不能鼓舞他人。一旦开始培育真正的坚毅，我们将关注它的单个组成部分，这是我们可以培养、运用和保护的东西，而且，我们可以鼓舞在我们身边生活、工作并且每天和我们交往的人们。只有如此，我们才会知道我们“永远不会敲响铜铃”。

第3章

chapter3

怎样着手培育更强的坚毅品质

为了帮助你培育更强的真正的坚毅，我想带着你经历一个我花了二十余年磨炼的流程。我相信，我带着客户经历过的同样那些步骤，你也可以从中受益。你也许想和一位有责任感的伙伴、职场中的同事、导师甚至某个团队（比如策划与支持小组）来分享这一旅程，因为你不可能总能看到自己取得的进步，同时，当你感到沮丧时，也不容易让自己去做一些艰难的事情。不过，当你知道你必须向某个人报告自己的进展情况，或者你安排好了和他一同做某件事情时，便更容易坚持下去。

你的梦想是什么

这全都从一个梦想开始。来向我求助的人

们，都怀有一个超越他们正常界限的梦想，也就是说，他们想做某件意义重大且富有成就感的事情，某件他们如果现在不尝试着去做，将来就会后悔的事情。有时候，别人会把这些人描述为成功者，他们并不一定非得改变些什么，并在自己余下的人生中营造舒适的生活，不过，他们有一种热切的渴望，怀着一个自己珍视的（有时候是隐秘的）目标来进一步深入挖掘人生的内涵。

我的第一个问题既简单明了又切中要害："我们一同合作，可能取得的最佳结果是什么？"仅仅运用了"最佳的"和"可能取得的"这两个词，就足以唤醒人们这样一种感觉：任何事情都可能发生，而且，不论那件事情是什么，它都可能是意义重大的。正是在我提出这个问题之后，人们通常直接进入正题，说出某个宏伟而艰难的目标，比如，"我想成为一位鼓舞人心的领导者，帮助他人找到生活的目标，并且以一种全新的方式在工作中引入那一目标""我希望自己别再等着幸福来敲门，而是开始做一些让人生变得更有成就感的事情""我想改变自己的工作方法，以便能和家人与朋友更长时间待在一起"，或者"我希望有朝一日成为一名企业家，把将来的命运掌握在自己手中"。

我通常可以分辨某个人什么时候对他想做的事情十分热情，因为他非常清楚地阐明了他的目标——而且，他解释得越多，说话的速度就越快。由于我大多数时候是和客户电话交谈的，已经学会了"解读"他们的声音，知道充满热情的声音是温暖的、轻松的、朝气蓬勃的。当我鼓励人们不加评判地把他们的梦想告诉我时，他们一边描述自己的目标，一边渐渐加快语速，因为他们已经花了很长时间思考它，并考虑清楚了要怎样实现它。

我后续的提问是："那么接下来呢？"通过这个问题，我想了解到的信息是，一旦他们实现了那个目标，他们的人生将会怎样改变。某个说自己想学唱歌并参加《美国偶像》(*American Idol*)或《美国好声音》(*The Voice*)等节目选拔的人可能说，她还是个孩子的时候，亲人们纷纷打击她，扫她的兴，使她不得不把这个梦想藏在自己内心深处，而且她还知道，要把自己对在乎的任何东西的真实感受也藏在心里，不让外人知道。学唱歌可能是朝着掌控自己的兴趣与目标迈出的第一步，此外，由于还要克服情绪的障碍，所以，对她来说，只要能够参加声乐课程或到某个地方去试唱，也许就是里程碑式的改变。

"那么接下来呢？"这个问题还有助于阐明目标对这个人有多么重要，而不是对其他人多重要。如果我听到了"应该"这个词，好比"我应该上医学院"，那么，这是一个无意中透露的信号，表明这个人可能没有树立我们称为的"自我和谐的"或"内在固有的"目标。当你处在艰难局面中时，对你来说重要的、将使你保持状态的目标，是那些只对你来说重要、对别人来说都不重要的目标。如果你的目标是取悦某个人，包括家人或教练，那么，这样的目标将不会奏效。

你每天醒来后想着的是什么

如果人们觉得目标并不明确，我会问他们，他们醒来后想着的是什么。在讨论热情的过程中，某人的目标通常会浮现，但假如它还是不清晰，我想听到他说，是什么在推动他前行。目标绝不只涉及某个人只为自己做的事情。最幸福的人会觉得，做一些为其他人服务的事情，将激发他们的热情。

为什么这是正确的时机

说到目标，老话所说的“时机就是一切”再正确不过。做好准备来冒险、让自己不舒服、中断熟悉的活动，以及突破安全空间（要么是个人的，要么是事业上的），都需要我们的坚毅品质的组成成分，包括热情和毅力。我不想和那些在追逐自己的梦想时缺乏热情或者不够确定的人们打交道，这是因为，假如我们开始合作后遇到了第一个障碍，便使得他们带着自我怀疑退出了，那对我们俩来说，都将是无比的失败。

我注意到，一个人一生之中，总会出现几个重要的时刻，在这些时刻，他可以利用生理的和自然的过渡，开始涉足未知的世界。许多人在对生活感到自满并且想看看他们能不能找到更强烈的兴奋感追寻某个梦想时，前来求助于我。另一些人则在自己进入空巢期或者到了某个重要生日（如 40 岁、50 岁、60 岁，依此类推）时想要追逐某个目标，因为他们突然间深刻意识到，生活正以更快的速度向前推进，直到某个转折点来临时，他们发现自己陷入了困境或者一事无成。心理学家称之为“新起点效应”。[1] 另一个冒险的重要时刻是某人发现自己没能在其他事情上取得成功时，例如，没能与他人建立和谐的关系，或者没能在某一工作岗位上干出一番业绩，此刻，他们觉得自己好像没什么可失去的了。J.K. 罗琳（J. K. Rowling）是这方面的一个著名例子。2008 年，她在哈佛大学发表的毕业演讲上说，她之所以写《哈利·波特》系列小说，是因为“我没有什么可失败的了”。

在问到时机时，我还想弄清楚，某个人提出的目标，是不是他以前尝试过但没有做到的事情。假如他曾经努力过，却没有达到某个目标，我知道，这个目标就是始终萦绕在他心头的梦想，让他以最大的力气去尝试，他也希望记得自己曾经努力过。戴安娜·尼亚德（Diana Nyad）是一名长距离游泳运动员，她接近 30 岁时，曾试图从古巴游到佛罗里达州基韦斯特岛，但失败了，于是放弃了这个梦想。直到她年近花甲，这个梦想再次萦绕在她的脑海，这一次，她全力实现了。尼亚德在一场演讲中分享了自己的故事。她即将年满 60 岁时，发现游泳仍然是在心头挥之不去的梦想，便问自己“你想要变成什么样的人”，而不是问自己“你想要做些什么”。如果人们在尚未体验他们已学到的知识时去追求某个目标，那么，当他们去体验时，这种体验将帮助他们制定克服困难的新策略。尼亚德的故事告诉我，这样的人不但坚毅，而且有着谦卑的品格，能够在他们曾经失败的事情上再去尝试。

你曾做过的最艰难的事情是什么

我喜欢提开放式的问题，这些问题深入地探究我需要了解的关于某个人的东西，而我最需要了解的是某个人是否渴望做艰难的事情。你或许以为，许多人之所以拥有成功的人生，是因为他们克服了自我设置的挑战，但我一再了解到，实际情况并非如此。

我记不清有多少次向人们提出这个问题，而他们回答说："我真的从来没有做过哪怕一件艰难的事情。"这个答案，正是他们聘请我这样的执行教练的原因。尽管他们从来没有走出自己的舒适区，但确实成功了，而且，他们已经十分习惯于把事情做好，以至于不知道怎样应对做不好某件事情的风险，也不知道如何处理自己真的做不好的事情。

随着我们年龄的增大，我们更难"把自己脖子探出去"冒一番风险，我认为，这恰好是许多中年人在抑郁和无聊中苦苦挣扎的原因。我的一位朋友在她四十多岁时，她正在上大学的女儿在一场诡异的游乐园事故中不幸遇难，也正是在这时候，我的朋友意识到，她的同龄人中，许多人过着乏味而平淡的生活，在他们眼里，冒险可能意味着换一家新餐馆吃饭。我的朋友决心充分享受生活，同时也部分地出于对女儿的哀悼，加入了一个策划与支持小组。这一举动改变了她的事业和个人生活。她说，这既具有挑战性，又令人高兴，在那段黑暗的日子，当她不确定自己想不想活下去时，为自己的热情和成长找到了新的出口，从而真正地拯救了她的人生。

当有人告诉我说，他们以前并没有走出过舒适区去做困难的事情，我让他们拿出安吉拉·达克沃斯的"坚毅量表"，以确定他们累积了多少坚毅品质。我发现，这一测试能够显著地揭示人们对自己完成艰难任务的意愿的感知，如果得分较低，比如3分或者不到3分，通常是因为他们一直以来逃避新事物或避开艰巨的挑战。有些人的兴趣非常广泛，以至于只要新事物一出现，就会对手头正在做的事情失去兴趣，而另一些人在设定目标时，知道要设立不需要太费力或者冒太大风险的目标。

对那些想要确立较高标准的人来讲，坚毅是一种不可或缺的性格优势。而我在担任不具备坚毅品质的人的教练时，我告诉他们，如果想让我当教练，就得做一些自己此前从来没有做好的事情，比如拒绝诱惑和接受建设性反馈。当他做好了准备来迎接这一挑战时，对我和他来说都是件好事。

谁希望你成功

在评估人们成功的可能性时，“谁希望你成功”也许是我向他们提出的最重要的问题，没有之一。我从经验以及研究成果中得知，你可能拥有热情，能够刻苦工作，具有好奇心，满怀希望，但假如你身边的人不希望你成功，或者对你想做出的改变产生矛盾心理，那么，我们的合作需要包含一项极具洞察力的评估，我称之为“你的影响网络”。

成功实现长远目标的人们，绝不会仅凭一人之力而成功。他们与身边的人建立并培育了良好的关系，那些人提供支持、建议，并且富有责任心。如果没有这样的支持网络，他们绝不可能在艰难困苦之时重整旗鼓并找到继续前进的动力。在如今这个受高科技驱动的社会，我们可以更轻松地跟别人发送文字消息，见人一面反而更难，于是，有些人生活中的一些重要人际关系已经不复存在，或者，他们也许从来没有向有可能帮助他们的人坦白过内心的担忧或透露过自己的目标。

你最重要的优势是什么

每一位客户来向我求助时，我都对他们立即进行优势行动价值问卷[⊖]的测试。我喜欢这个问卷，因为我很认同它。我发现，调查的结果确定而准确，当我和客户仔细察看那些结果时，他们会以新的积极的方式来看待自己。对这项调查，我承认我有些偏爱，因为马丁·塞利格曼和克里斯·彼得森（Chris Peterson）是我的两位重要导师，他们共同开发了这个问卷。但我还发现，首先，这个问卷比我遇到过的其他任何优势调查都更有用，因为它易于理解，我的客户更喜欢；其次，它是任何想要理解自身优势与劣势的人们的一个不可或缺的信息来源，特别是涉及坚毅品质的培育时。

有的研究人员研究了不同文化和不同年龄群体中的优势行动价值问卷的结果，他们最有价值的研究发现是，在一天之中积极辨别并运用自身最重要的五种优势的人，不但生活更幸福，而且在追求目标过程中也更成功。[2] 研究人员还发现，有意识地把握自己最重要的优势并透过那些优势的棱镜与他人互动的人，给别人留下的印象是更加“真诚”，这也使得他们自己更容易与人相处。

人们在设法变得更加坚毅时，我在初次浏览他们的测试结果（这些结果将他们的优势从 1 排到 24）时，会找一找他们身上是否具备一些品质。在那些品质中，我知道对坚毅重要的是自我调节、使命感、希望、热情、谦卑和勇气。当人们在勇气和自我调节上

⊖ Values in Action，缩写为 VIA。——译者注

的得分较低时，我从不感到惊讶，因为这通常表明，他们不能很好地控制冲动，而且难以将自己逼出舒适区，这正是他们想找一位教练来帮助他们的原因。我还发现，如果某人在使命感、希望和热情上的得分较低，那么，和他一块探索他的热情，并且随后确立某种策略以帮他实现与他的使命相一致的目标，有助于他摆脱困境。

我和客户举行的另一次重要的交谈，将围绕过度运用和未能充分运用他们最重要的优势而展开。过度使用或者未能充分运用那些好的优势，通常使人们陷入麻烦，妨碍他们为追求正确目标而培育合适的坚毅。一个例子是友善：当人们过度运用他们的友善时，“接受方”可能充分利用他们这一点，不让他们关注自身的需要与渴望。另一个例子是毅力：当人们过度利用时，感到自己必须自始至终完成好每一件事情，而这股倔强劲儿，不见得总是符合他们最大的利益。我称这种坚毅为“倔强的坚毅”。

我运用优势行动价值问卷的最后一个原因是，人们发现它可以增进幸福感，那些在追求目标过程中坚持不懈的人们，如果要在艰难困苦的时刻仍然持之以恒，需要对未来的前景树立信心，用幽默和抗逆力来处理压力，并且不论何时都阔步向前。

你什么时候是“最好的自己”

在进行了优势行动价值问卷的测量后，我会要求所有客户写一篇题为《我最好的自己》的文章。这正是我们在宾夕法尼亚大学攻读积极心理学硕士学位时的第一份作业，对我产生了深远的影响。在文章中，你要写下你什么时候运用了自己最重要的五项优势，以及在你的一生之中，你什么时候做到了“最好的自己”。这可以是个人生活中的经历，也可以是职业生涯中的经历，或者两者兼有。这样做的目的是找出你在某个时间以正确的方式运用了你的优势，创造了积极的结果。

你最好的自己，可能是你影响了他人的人生、实现了对你自己重要的目标，或者经历了一段艰难的时期之后，由于依靠了那些让你得以生存和发展的优势，于是渐渐地觉得，难熬的日子已经过去了。出于几个方面的原因，人们在写《我最好的自己》这篇文章的时候，通常也是恍然大悟之时。首先，我们许多人把自己的优势视为理所当然，没有意识到，其他所有人观察世界的方式与我们不一样。例如，好奇心是有些人的五项最重要的优势中的一种，因此，这些人惯于提问并且乐于接受新的体验。于是，他们不能理解，为什么别人在这些方面和他们不一样。当他们知道了好奇心能给他们带来好处并且影响了他们和别人的互动时，那么，好奇心对他们来说是一种强大的工具，他们可以用来了解自己并制订有助于完成艰巨任务的策略。

我自己写的《我最好的自己》这篇文章让我茅塞顿开。在写之前，我确定自己最重要的五项优势是爱、创造力、热情、勇气和智慧，不过，把它们写到纸上后，我最初的反应是迷惑不解。对我来说，如果人们想过上有意思的生活，或者将他们的想法以全新的方式联系起来以解决问题，显然需要一定的创造力，因此，我没有把创造力作为一项优势——我认为这是理所当然的，每个人一定都拥有这种优势。把某人的优势视为理所当然，并且以为它们并没有什么特别之处，是十分常见的现象，但我当时不知道这一点。我还没有真正地理解，为什么智慧也是我的五项最重要的优势之一。我在想，到底是涉及什么方面的智慧呢？

接下来，我一下子想到了。当我在《我是卡洛琳》一书中介绍自己从暴食症中渐渐恢复过来时，就充分运用了所有那些优势。我用爱来很好地关爱自己，想方设法使自己变得更优秀，而且，我和别人分享那个故事，也一定是热爱他人的表现；我在写书的时候，需要富有创造力；而在我想放弃时，我发挥自己的热情（这是一种生生不息的力量），使之给予我继续前进的动力；当我决定在几乎没有人公开探讨暴食症的时候写《我是卡洛琳》这本书时，我感到勇气油然而生，即使我不觉得自己的行为格外勇敢，但我感到，重要的是把它说出来；智慧则来自于同进食障碍斗争的胜利，来自于我分享自己的优势与希望，让别人也能继续为自己斗争。

不论你是什么人，只要你想培育坚毅，那么，至关重要的是知道你什么时候是最好的自己，因为那些高光时刻为你提供了一幅蓝图，让你明白你怎样在正确的背景下运用适当“剂量”的优势来把某件事情做好。例如，假设你的一项重要优势是勇气，但你却不计后果地运用它，结果伤害了你自己，那么，进行这个练习，将让你知道你什么时候有效地运用了勇气，并且也提醒你，怎样才能再次像以前那样有效运用这项优势。你对自己最好地运用自己的优势的时刻记得越牢，便越有可能以积极的方式将它们运用起来，为你自己和他人服务。这里介绍一条有意思的秘诀：你拥有五种最重要优势的一个明确的标志是，当其他人并不具备这些优势时，你可能比平常更加感到生气。

你将来可能的最好的自己是怎样的

有一个优雅的写作练习，题目是《将来可能的最好的自己》，从很多方面来看，当谈到加速启动幸福的引擎和为目标的追求增添更强动力时，这都是一个极其强大的练习。它简单到令人惊诧的地步：人们把自己从现在开始 10 年后的生活写下来，好比所有的事情都已经成为过去，自己的梦想也已成为现实。这个练习之所以是培育坚毅品质的不可或缺的重要步骤，有许多原因。首先，它揭示了一种你想要实现的愿景，而且是未来 10 年后的情景。凝神思考经过长期努力得来的成果，10 年是很好的时间期限。所以，如果你还没有想象过你已经实现了自己最重要目标时候的生活会是什么样子，这个练习将迫使你去想象。它还有助于你改变生活中各个事项的优先顺序，因为我们许多人可能心怀不同的雄心壮志，但我们没有意识到，追求它们中的某一个雄心勃勃的目标，有可能使得我们无法实现另一个重要目标。看到典型的“冲突中的目标”的情形，并且确定其中的某个目标比另一个目标更加重要，可以为我们培育坚毅腾出必需的精力。

这次写作练习之所以极其宝贵，还由于它让你对自己将来想变成的样子产生联想。研究发现，对更年长的自我的更多同情，甚至可以让你为今后的退休生活更多地存钱！它还让你对自己的未来产生更多的期望和乐观精神，这也是培育坚毅品质必不可少的心态。[3] 最后，先进入未来，再回到现在，并且以这种顺序来进行对照，你便设想了一种称为“心理对照”的局面。研究人员发现，当我们在想象中看到自己理想中的未来，然后使自己再回到现在的情景，以思考面临着什么样的障碍时，和我们今天就开始迈上自己的征程并思考必须做些什么才能让我们将来的梦想变为现实相比（这也可能是我们起初觉得异常艰难的做法），我们往往更加热情和更投入地迈出“万里长征中的第一步”。[3]

你必须克服什么障碍

一旦我的客户辨别了他们的优势，深入思考了他们的目的，探索了影响网络，细细品味了他们“做最好的自己”的故事，写下了“将来可能的最好的自己”，那么，我们便做好了充分的准备来评估他们是否具有成功所需的坚毅品质，以及为了获得更多这种品质，还得做些什么。此时此刻，我们在讨论可能出现的障碍以及挡在前进道路上的意想不到的挫折。如果有些人之前曾竭力去实现某个目标，然后十分清楚地知道他们可能会犯什么样的错误，我们会讨论如何应对那些挫折，以及他们这一次可以采用什么样的不同方法来应对，包括寻找一些经受过类似挫折并东山再起的榜样。

根据对叙事式日记和表达式写作的研究，上述情况可以让有的人提出关于他们人生的新的“故事”。《人格与社会心理学》杂志曾发表过一项研究，该研究发现，经常读别人在挫折面前百折不挠的故事的学生，有着强烈的动机来撰写他们自己人生的新故事，并且将前进道路上的挑战重新定义为积极的成长机会。在和研究中的控制组进行比较时，重新撰写他们自己的人生故事的实验组成员，从大学退学的概率小得多。在对其他群体的研究中，这样的结果一再出现，这包括一些已婚夫妻群体，他们用中立的第三人称视角写下了自己和伴侣的冲突。美国弗吉尼亚大学心理学教授和研究员蒂莫西 D. 威尔逊（Timothy D. Wilson）说："这些写作的干预措施，可以真正地使人们从自我挫败的思考方式转变为更加乐观的强化自身的思维方式。"[4]

现在怎么办

只要我的客户已经探讨了他们的目的，辨别了他们的优势，制订了长远目标，下定决心在我的指导和帮助下向前迈进，我们便开始认真工作起来。我们为目标的实现确立时间期限，设计一个责任体系，确定电话沟通的频次，并且决定将用什么标准来衡量已经取得的进展。我们还进行大量讨论，探讨在进展速度变慢、心情低落、生活给我们制造难题以及动机出现摇摆时我们要做些什么，才能不至于放弃。由于坚毅的品质很大程度上决定其他所有的工作都是否有意义或是否有回报，因此，让我们关注真正的坚毅，我发现，这种类型的坚毅，能够产生最佳结果，而且实际上有益于其他所有人。

在做这些时，随着我们更加深入地了解不同类型的负面的坚毅、真正的坚毅以及你可以怎样培育真正的坚毅，我希望你首先回答好我在本章中分享的问题。花些时间思考、反思和写下你想到的东西。

- 你想要追求的梦想是什么，假如你还没有开始追求，你知道自己将来会因此而后悔的梦想是什么？
- 你醒来后想着的是什么？
- 为什么这是你让自己走出舒适区的正确时机？
- 什么事情是你曾做过的最难的事情？
- 你是怎么成功地做好那件难事的？
- 什么人希望你获得成功？
- 你最重要的优势是什么？你可以在 viacharacter.org 网站上免费下载优势行动价值问卷，网站列出了该调查的链接。这项评估大约需要 15 分钟来完成，完成后，你将获得你的评估结果。
- 什么时候的你是最好的自己，同时，在那些情况下，你的优势是怎样冒出的？
- 你将来可能的最好的自己是什么样的？
- 为了过上可能的最好的生活，你必须克服什么样的障碍？

当你在对自己进行评估时，让我们进一步深入地观察不同类型的坚毅品质。

第 4 章

chapter4

真正的坚毅

它是什么

这是我在向观众发表关于坚毅的演讲之后通常被问到的第一个问题:“假如像纳粹党首阿道夫·希特勒那样的人也符合坚毅定义的话，那么，坚毅怎么可能是件好事?”当人们在思考热情、勤奋和对目标的投入怎样与坚毅的传统描述相一致时，他们通常恰好在那一刻会想起自己知道的、以积极的方式符合坚毅的定义的人们，比如圣雄甘地，或者会想起他们的大家族中向他们展示了当初付出努力最终获得回报的某个人，但过不了多久，他们会一脸狐疑地问到希特勒。

不用怀疑，这种想法一定也曾在你的脑海中一闪而过。你可能认识什么人，当他们给别人的生活带来积极影响时，他们在示范着改变、迸发着热情；但你也许还想到另一些人，他们异常执着地追求某个特定的目标，却由于他们的动机或行为有害而无益，可能并没有给他们带来快乐。你甚至还认识另外一些人，他们在不同时期既展示了坚毅品质好的一面，又展示了不好的一面，让你感到百思不得其解，不知道你什么时候在很好地运用这种品质，什么时候则需要警惕，不要把这种品质用在了错误的方向上。

同一个人展示不同的坚毅

我的一位客户——让我称她为苏珊娜（Suzanne）——是在运用坚毅品质时转向错误方向的好例子。她在工作中是一名模范，刻苦勤奋、任劳任怨，而且她在热爱学习、自我调节和毅力等性格优势上排名很高。她聘请我，是因为她有一个当小说家的梦想，但她对自己的本职工作并不满足。她的本职工作尽管没有给她带来满足感，却能帮助她支付日常生活中的账单。她还对我飞快地说出一长串她每天要做的事情：拼车、做饭、在教堂做些接待工作，还有许多其他方面。她告诉我，由于她具有良好的职业道德和对细节的关注，通常第一个到工作岗位，然后要领导一个委员会，组织一场会议，或者组织一场百乐餐[⊖]，所有这些，她都接受。虽然苏珊娜十分渴望自己能对大多数这些请求说“不”，但只要她被迫答应了别人，那么，不管遇到什么障碍，她都会从头到尾把事情做好。

⊖ 每人自带一个菜的聚会。——译者注

苏珊娜显然具有坚毅品质，但它并没有给她带来快乐，因为她遵照别人给出的条件，运用坚毅品质来埋头苦干，而且，她去做这些事情时，几乎从来都没有感到自己倍受鼓舞。我问她，她有没有什么时候运用同样的自律和对细节的关注来做某件让她感到高兴的事情，她不得不回想二十多年前自己还没结婚时的情形。

根据苏珊娜的描述，刚刚从大学毕业的她，申请修了一门创造性写作的硕士课程，于是，她没有像父母希望的那样找一份“保险”的工作，而是开始学习写作技巧，并且在电视行业打零工，甚至为某个深夜的喜剧节目写剧本。这些工作很艰苦，但她觉得有回报，而且她对自己一天下来的工作、她身边的人的素质，还有当她的某些作品被发表时自己获得的“胜利”等感到兴奋不已。虽然经济上有些捉襟见肘，但她觉得每天的日子都充满生机。她甚至从没抱怨过屡屡拒绝她的投稿的文学杂志社，因为她觉得自己正在学习之中，学到的东西有助于她将来变成一名更优秀的作家。

结婚后，苏珊娜跟随丈夫搬了家。她把自己的梦想搁置起来，并且随着家庭成员的增多，全力以赴做好家里必须做的各种事情。她没有追求自己的目标，而是坚毅地追求其他人的目标，包括她的社区、孩子、丈夫和朋友的。来求助于我时，她已经筋疲力尽、意志消沉，每天数着日子，看孩子们还要多久才能离开家上大学。如今，她需要做到的就是重新拾起旧日的渴望，再度激发往日的热情，摆脱并非必要的义务，并且运用自己的专注和职业道德，再次投入到写作行业中去。于是，苏珊娜不再用自己的坚毅品质去完成她没有热情投入其中的目标，而是运用同样一些技巧，在自己的闲暇时间里重新开始写作，并且确定了这样的目标：找一位经纪人并最终出版一部小说。有了这些，她将自己的生活重新带回正轨。

负面的与正面的坚毅：老虎伍兹和凯西·马丁

职业高尔夫球手凯西·马丁（Casey Martin）和老虎伍兹（Tiger Woods）的故事进一步展示了坚毅既有可能是正面的，也有可能是负面的。让我们分别关注这两个人。伍兹又称为老虎伍兹，是有史以来最著名的高尔夫运动员。他过去十分刻苦地训练，也经历过许多次受伤，但仍然继续在高尔夫领域占据举足轻重的地位。老虎伍兹年轻时在斯坦福一鸣惊人，后来成为职业高尔夫运动员，为这项运动确立了新的标准，并且由于他令人兴奋的和热情奔放的击球风格吸引了众多关注的目光，帮助这项运动赢得了极高的电视收视率。

毋庸置疑，老虎伍兹具有坚毅的品质，但是不是你想效仿的那种类型的坚毅呢？尽管他在体育竞技领域具有传奇色彩，但在对待女性方面或是在愤怒或失败时对待自己的方面，他算不上一个好榜样。伍兹在新闻发布会期间对媒体人士冷漠而不友好的行为，早已众所周知，而且，他和球童、教练及其他职业高尔夫球员之间发生过无数次争吵。人们也许敬佩他的运动天赋，但不会总是喜欢或尊重他的行为。娱乐体育节目电视网的一位评论员揣测，老虎伍兹可能被他那溺爱孩子的父母精心修饰为人生的赢家，但不一定是“获胜者”，因为自 2008 年那个对他的人生有着重大影响的晚上以来，他一直没有从心理和身体上找回自己的状态。那天晚上，他当时的妻子发现他的婚外出轨行为后，用高尔夫球杆打坏了他的汽车。

相反，伍兹在斯坦福时的前队友凯西·马丁却有着激发和鼓励他人的那类坚毅品质。马丁被誉为“高尔夫球场上的杰基·罗宾森”[⊖]，他患有静脉畸形骨肥大综合征，这是一种先天性的缺陷，最终导致他的右腿残疾。他走起路来明显一瘸一拐，因此，美国全国大学生体育协会在斯坦福举行比赛时，比赛方允许他使用高尔夫球车。然而，马丁毕业后，美国职业高尔夫协会却不允许他使用球车，并辩解说，巡回赛是“私营的”，因此不受《美国残疾人法案》条款的约束。马丁不向这种歧视行为低头，对职业高尔夫协会提起了诉讼并最终胜诉，后来继续打球并担任教练，而且在 2012 年的美国公开赛中晋级。要知道，多年来他的分数一直处于中下水平，甚至一度失去了参赛卡。尽管遇到种种挫折，马丁对比赛的热爱依然不可动摇，而这也是他在俄勒冈大学担任高尔夫球教练时和学生们分享的东西。他虽然没有明星的名气，还遇到重重挫折，却热情百倍地追求自己的目标，在失败面前保持优雅，加上他谦卑的品格以及坚定地拒绝放弃，恰好是我们想要培育的那种真正的坚毅。

⊖ 杰基·罗宾森（Jackie Robinson）是美国职业棒球大联盟史上第一位非裔美国人球员。1947 年 4 月 15 日，罗宾森穿着 42 号球衣，以先发一垒手的身分代表布鲁克林道奇队上场比赛。而在此之前，黑人球员只被允许在黑人联盟打球。虽然美国种族隔离政策废除已久，但无所不在的种族偏见仍强烈左右着社会各个阶层，因此，杰基·罗宾森踏上大联盟舞台的这段时日，被公认为近代美国民权运动最重要的事件之一。——译者注

怎样踏上培育坚毅的正轨

小小的蓝色火车头是广受欢迎的儿童读物《小火车做到了》（*The Little Engine That Could*）中的英雄角色，具有坚毅的第一个组成要素。让我们将火车头来做拟人化描述。她和其他任何人一样，从同样的人生轨迹开始，不过，她在经历自己的人生旅程时发现了一些障碍，想要放弃。生活太艰难了，但她最终鼓起勇气和精力，拖着一堆的火车车厢，爬过无数山丘，一路高歌前行："我想我能行——我想我能行——我想我能行。"和这个童话故事同样引人注意的是，一代又一代的孩子从故事中学到了信心，明白了要刻苦学习，并且还知道了，如果不小心的话，你也可能成为那个偏离了轨道的火车头，尽管偏离正轨看起来也很有吸引力，但不会把你带到快乐的地方。例如，你可能过于顽固和坚持，以至于没有留意到你正培育的是"倔强的坚毅"的信号和警报。

你还可能过度沉迷于不计一切代价去赢的目标中，以至于想要抄近路和欺骗别人。我称这种行为为"虚假的坚毅"。如果你是一个自律的、专注的、以目标为驱动的人，但你不承认别人的帮助，觉得有必要无休止地吹嘘自己的成功，会怎样？这类坚毅能够促进家庭或组织的和谐与卓越吗？我想不能，因此，我称这种行为为"自恋的坚毅"。不能潜移默化地影响性格优势和积极目标的坚毅，只会导致尽管忙碌却常常没有成就感的生活方式。

真正的坚毅怎样区别于其他类型的坚毅

为了能够称得上真正的坚毅，仅仅做到百折不挠、持之以恒和热情四射还不够。我相信，坚毅的行为，只有在它使他人敬畏并受到鼓舞、激励他人变得更优秀并且想象他们自己身上将会出现各种更大的可能时，才是一种积极的力量。向我们显示了这种品质的人们，会促使我们思考："如果我也去做那些艰苦卓绝的事情，会怎么样？如果我把自己的时间和精力全部用在培育我的热情上，又会怎么样？"

我一度对生活失去了信心，但有一次，我相信我自己能好好地活下去。那天，另一位女性在正确的时间、以正确的方式，鼓起勇气向我展示了真正的坚毅，而我当时把她的话全都听进去了。那是 1984 年年初，我正在参加一个针对强迫性的暴食者的"十二步骤会议"，一位高个子的金发女性先是和我分享了她的进食障碍的故事，然后对我说："我正努力从暴食症中恢复过来，每天进步一点儿，从不间断。"由于在此之前我很少听到别人不带任何羞耻感地谈论进食障碍的问题，我自己也很少以充满希望的方式为别人带去些什么，因此，在那个寒冷的冬夜，出现在教堂里的这位女性不但照亮了我的心灵，而且永远地改变了我的人生。多年来，我想要活下去的热情已经减弱成一道微光，但这位女性的一番话，将其转变成熊熊的火焰，至今仍在我胸中燃烧。自那以后，我对她一直心怀感激。如果她决定将她自己的故事埋在心底，只让自己一个人知道，或者，由于从暴食症中恢复过来太过艰难，她最终举手投降，会怎么样？如果她不具备谦卑的品德，不能从自己遭受的挫折中学到些什么并且坚持下去，或者不想帮助别人，又会怎样？

我相信，我是注定了坐在那样一个令人足够绝望的房间中，以便在我看到一根细细的生命线的时候，能够清楚地辨别它。我始终觉得，有一种比我更强大的力量指引我那个晚上到那里去，比如神、至高无上的力量、想让我们所有人都变得更加健康的某种宇宙力量，等等，而且也因为我具有写作的才华，我的目标已然浮现，并赋予我的人生以意义。我忽然间知道，如果我像这位坐在我面前的女性一样激起自己的热情、自律、乐观和友善，也可以把自己恢复的经历写成一本书，让成千上万需要这些信息的读者能看到。假如这件事情做好了，我会使这个世界比从前更好。就这样，我开始了探索真正的坚毅的旅程——在一个黑暗的地方，但却是个完美的地方，因为它为我追求更美好生活而改变自己提供了恰如其分的动力。

与他人建立积极的关系

真正的坚毅的第一个信号，就体现在我刚刚分享的故事之中，也就是在我最需要的时候听到的这个关于从暴食症中恢复的故事。具有这种品质的人们，能对他人产生积极影响，以积极的方式将我们拉进他们的生活之中，而且他们宽厚包容，从不狭隘排外。他们在人际关系上非常成功，鼓舞着他人积极进取。具备真正的坚毅的人们推动团队协作、增进同志情谊。真正的坚毅是有磁性的，你想将自己与他们这种对生活中某些事情充满热情的人联系起来，因为你也想产生那样激情四射的感觉。

拥有真正坚毅品质的人们，将同样的热情带入到对目标的追求之中，这使得他们能够与他人建立深厚的友谊。他们不但爱他人、欣赏他人，也习惯于被他人爱和欣赏。有意思的是，深受人们喜爱的好莱坞电影从不描绘某个人在宏伟的目标上取得成功并独自庆祝；这些电影都在展现主人公如何坚毅并与他们的爱人一同分享实现目标的旅程，无论最终是赢还是输。[1]

错误的坚毅则通常是独自庆祝的。事实上，这也是《荒野生存》（*Into the Wild*，后来被改编为电影）这本书切中要害的信息。克里斯多夫·麦肯迪尼斯（Christopher McCandless）错误地以为，孤独地生活以及依靠自己生存就是幸福的象征，但他最终在误食了有毒的浆果之后，在阿拉斯加一辆寒冷的校车上痛苦不堪地死去。他留在世界上的最后一些话，后来被人们发现写在一本书的空白处：“分享的幸福是最美好的。”

心怀希望

具有真正坚毅品质的人们心怀希望且乐观豁达。尽管他们在认为自己能做的事情方面并不一定始终正确，但他们积极的信念提供了防护效应。心怀这种人生观的人们比其他人工作时间更长，也更刻苦，在遇到挑战时不太可能放弃。心怀希望的心态还使得人们为实现自己的目标提出更多可能的解决方案，并且坚信自己能够执行那些解决方案。但是，当你不是在追求自己的目标，而且在试图取悦他人或者想做到某些更加肤浅的而不是更有意义的事情时，希望和乐观往往难以持续。

谦卑

真正的坚毅的另一个标志是谦卑，这种品质从不宣扬它自己，但却吸引着别人的目光。这是一种冒着枪林弹雨的英雄的谦卑——例如，某个人表现的无私举动，你在他离开这个世界之前，一直不曾知道。这是在社区粮库默默无闻劳作多年的某位女性的谦卑，她从不吹嘘她在改善他人生活方面所做的工作，只是对自己感到满足，因为她知道，她正在为实现一个有意义的、对她自己十分重要的目标付出最大的辛劳。真正坚毅的人显然没有自恋，也不需要人们认可他在做什么。恰恰相反，具备真正的坚毅品质的人知道什么是重要的，无须任何人的肯定或表扬，也不寻求对自己的功劳公开宣扬，以提升自信或自尊。

自信

真正的坚毅的特点是真正的自信。拥有真正坚毅品质的人完全依靠他们自己，因为他们知道，如果自己不去全力以赴、倾其所有地实现目标，将来只会给自己留下遗憾，而且这种遗憾是有害的。他们的脸色可能谦卑而沉静，丝毫没有装腔作势的痕迹，但内心却毅然决然，这一点，他们身边的人都能看出来。真正坚毅的人们表现出压力之下的优雅风度，在挫折面前依然面不改色，无论在终点线上等待他们的是掌声、欢呼声，抑或根本没有任何的回报，他们始终不会轻言放弃。由于他们对自己的能力有着坚定的信心，也知道自己愿意从错误中学习，因此，他们具有经过沙场历练的自信心，这一点，我们也能从最杰出的领袖身上发现。

给予而不是索取

真正的坚毅也被定义为正确的给予。这些人不会一味舍己为人。他们主要与那些和他们有着共同心态的人为伍，但也不吝于指导那些缺乏专注或自律的人。他们意识到，具有生长的力量并且看到别人眼中的光芒，是积极的精神财富的一部分，所以，他们会不带附加条件地给予，而且通常是十分秘密地、没有任何炫耀意味地给予。因此，尽管真正坚毅的人们，会在必要的时候“自私地”对待自己的时间和精力，但他们绝不会仅仅以自我为中心，因为他们知道其他人很重要。

适度的专注

真正的坚毅是专注的。具有这种品质的人们不会倔强地在生活中的每一件事情上都充当终结者。事实上，在采访我认为符合真正坚毅标准的人们时，刚一问到他们是否在生活中的每个方面都十分坚毅，他们立即笑着说：“不会！”他们为真正重要的东西保留他们的自律，不会把时间浪费在他们追求目标的道路上偶然遇到的所有事情上。他们将时间和精力全部花在对他们有意义的事情上，而且会轻松地结束别的事情，或者对他们自己不擅长的事情来一番自我解嘲。

世界知名的研究热情的专家和研究者鲍勃·瓦勒朗（Bob Vallerand）曾说，这种区分还体现在具有“和谐性的”热情与具有“痴迷性的”热情的人们身上。具有和谐热情的人们能够在主要目标的内外两面都找到快乐，而具有痴迷热情的人们一心想成为赢家，很少放弃这个目标。人们常说，堕落的前自行车运动员兰斯·阿姆斯特朗（Lance Armstrong）从来没有在任何事情上输过，无论是官司还是三项全能运动。他对成为第一的热情，是一种不仅伤害他本人，还给别人带来伤害的有毒的癌症。

顽强

真正坚毅的人们有着一种特定的顽强品质，但他们用它来作为一种“替代性叛逆”，而不是只当一名破坏性的麻烦制造者。有的人先是称得上是“麻烦制造者”，后来变成了真正坚毅的人，比如2014年上映的电影《坚不可摧》（*Unbroken*）的主人公、现实生活中的英雄路易斯·赞佩里尼（Louis Zamperini）。他曾经承认自己是这种反叛的代言人，在后来的人生中，他紧紧锁定了一个能给生活以目的和意义的焦点。年轻时的赞佩里尼经常离家出走、偷窃、打架，陷入麻烦，后来他发现自己的跑步天赋，便不知疲倦地训练，最终圆了自己的奥运梦想，并在1936年的5000米比赛中最终获得第八名。真正坚毅的人们可能是顽强的、好斗的、桀骜不驯的、据理力争的人，但当他们为实现积极的目标而进一步深入挖掘自身的潜力时，会把那种精力很好地利用起来。

从失败中学习

真正坚毅的人们也在追求目标的过程中经历过失望，因此不得不学会如何应对挫折，并整合从失败中得到的教训，继续前进。卡罗来纳黑豹队的四分卫卡姆·纽顿（Cam Newton）运用坚毅的品质超越了自己的卑微出身，后来成长为大学橄榄球队的明星——他甚至在史诗般的近乎完美的 2015 赛季里赢得了卡罗来纳球迷的心。但是，2016 年 2 月，当黑豹队在第 50 届超级碗的争夺中输给了丹佛野马队后，卡姆·纽顿在赛后的新闻发布会上噘着嘴，仅仅过了两分钟，便把自己的运动衫罩在头上，骤然离场。

和纽顿形成鲜明对比的是，他的队友、黑豹队角卫约什·诺曼（Josh Norman）却比他更有风度。诺曼尽管在高中的球员生涯中声名显赫，却不得不加入一支相对没有名气的大学队，以便有机会在球场上一展身手，而且还没有获得过奖学金。毫无疑问，因为诺曼在自己试图达到目标时几经沉浮，而且诺曼知道，真正的伟大，意味着既知道如何应对成功，也知道怎样面对失败，并且从两种经历中汲取最宝贵的经验与教训。当他所在的球队在 2016 年超级碗的争夺中落败时，他在比赛最后时刻向竞争对手的四分卫佩顿·曼宁（Peyton Manning）公开致敬。他原本可以怀着极度失落的心情走下赛场，但他选择向曼宁那富有传奇色彩的漫长职业生涯表示敬意，而不是只关注自己。

真诚

真正坚毅的人们能坦然展现自己的本色。当你和他们交谈时，你可能察觉不到任何特别的意味，他们无论是和别人在一起，还是独自一人，都显得同样自然。当他们完成一些通常伴随着长远目标的艰巨而需深思熟虑的任务时，他们会独自去做，不找任何借口。但是，他们绝不是那种走极端的完美主义者，极端到遭遇失败后非要猛揍自己。他们知道什么时候要有足够的自我同情和智慧来暂时撤退，然后重整旗鼓、再度发力，重新回到行动中来。

位于俄亥俄州辛辛那提市的优势行动价值研究所专门从事性格优势的研究，其研究人员发现，在追求目标时运用自身最重要优势的人们，不但更常取得成功，而且当他们出现时，由于他们的真诚品质，其他人也更加舒服和适应。他们不会装成和自己不一样的人，他们觉得，接受自己现在的样子并以最出色的方式为追求最优异结果而施展自己的才华，不但能够很好地服务自己，还有助于与别人建立人际关系。

成长心态

最后，真正坚毅的人们拥有所谓的“成长心态”而不是“固定心态”。怀着成长心态的人们相信勤奋是成功的关键，他们的好奇心和承担风险的意愿，使得他们探索不同的方法，并且在追求目标的过程中灵活应变。怀着固定心态的人们认为智力和才华是成功的明确预测指标，以为迅速取得成功比朝着重要的结果踏实前进更加重要。持有固定心态的人们还以为，毫不费力地获得成功最为重要，因此不愿意历尽千辛万苦去追求成功，也对奋力拼搏的理念嗤之以鼻，他们觉得，才华不足的人们才必须那么刻苦努力。

人人都能培育真正的坚毅吗

真正的坚毅并非只为少数几个特别的人而保留，亦非为那些经历过孩提时代艰难困苦，但在困难面前百折不挠，干出惊人业绩，并注定要成为那种特别的人而保留。虽然安吉拉·达克沃斯的研究已经发现，诸如乐观主义和冲动控制等一些强化了坚毅品质的优势是天生的，但是，真正的坚毅的许多特征和行为，是可以学来的。例如，目标设定就是一门可以学习的科学，自我调节也是如此，即使有的人天生不具备这样的特点，也可以通过后天学习得来。谦卑也是一种选择的行为，而学会如何交友和构建积极的关系，则是一本空前畅销的书籍的主题：戴尔·卡耐基（Dale Carnegie）的经典之作《如何赢得友谊及影响他人》（*How to Win Friends & Influence People*）。假如我只是描述一群我们从不鼓励别人效仿的精英的成功人士，可能不会写这本书。但在我们撸起袖子加油干，在各自的人生道路上培育更多真正的坚毅品质时，让我们先澄清“好的坚毅”与“坏的坚毅”之间的区别。

第 5 章

chapter5

好的坚毅

总统山、奥林匹斯山、名人和“普通人”

为了让我们更容易理解好的坚毅与坏的坚毅的区别，我将我发现的积极的真正坚毅分成几种类型，同时还介绍一些例子，让你们更容易理解它的重要性与意义。我将解释每种类型的坚毅为什么重要，以及辨别、学习和效仿它最好的特点可以怎样使我们受益。在下一章中，我将介绍并不是十分积极的坚毅的方法，同时发出一些警告，告诉读者如何避免在这类坚毅的道路上“一条道走到黑”，使之最终变成伤害你自己或他人的武器。

总统山的坚毅

我在审视历史上许多伟人的生平并凝神思

考该怎样最好地描述他们的坚毅品质时，发现他们有一些共同的性格特点，使得他们引人注目地和其他人区分开来。这些人受到一项他们倍感热情的事业的鼓舞，那项事业体现了普遍推崇的价值观，比如公平、正义和爱。他们在完成某些具有重大现实意义和历史意义的事业过程中，克服了无数的障碍——有的甚至威胁他们的生命——但他们从来不会由于害怕、绝望或迷茫而长时间地退缩。他们还是特立独行的，因为他们展示了非同寻常的尊严与自我调节。当别人对他们憎恨、嫉妒，或者侵犯时，他们控制自己的反应，并在此过程中成长为改变历史进程和吸引众多追随者的领袖人物，那些追随者崇拜和欢迎他们从事的伟大事业，并帮助他们创造更加美好的世界。

我称这些人为“总统山的坚毅”的拥有者，因为他们和总统山上镌刻的美国历史上四位最杰出的总统一样，创造了改变历史进程的伟大功绩，他们的名字已经铭刻在一代又一代心怀感激的人们心中。总统山位于美国南达科他州的布莱克山，山上用花岗岩镌刻的四位总统分别是乔治·华盛顿（George Washington)、亚伯拉罕·林肯（Abraham Lincoln)、西奥多·罗斯福（Theodore Roosevelt）和托马斯·杰斐逊（Thomas Jefferson)。具有“总统山的坚毅”品质的人，包括拿撒勒的耶稣（Jesus of Nazareth)、圣雄甘地（Mahatma Gandhi)、马丁·路德·金（Martin Luther King Jr.)、哈丽特·塔布曼（Harriet Tubman)、苏珊·安东尼（Susan B. Anthony)，以及匿名戒酒互助社的共同创始人比尔·威尔逊（Bill Wilson)，等等。所有这些人反对的行为，代表了人类最恶劣的行为，如仇恨、殖民主义、种族主义、性别歧视、酗酒等，仅举几例。而且，他们在反对这些恶行的过程中，也将自己的声誉、健康和安全置于危险之中。尽管面临重重困难、他人咒骂和虐待，他们仍然坚持自己的理想和目标，这正是我们如今能够生活在更自由、更安全、更好的世界中的原因。如果他们身上没有这种特别的真正的坚毅品质，我们现在会置身于一个怎样的世界？

我们还可以从当今的媒体上了解到具有总统山的坚毅品质的人。例如，巴基斯坦以争取妇女受教育权力为己任的女孩马拉拉·优素福扎伊（Malala Yousafzai），也是史上最年轻的诺贝尔奖获得者，在2012年时遭到塔利班的袭击，子弹击中她的面部。她被暗杀的原因是坚持并宣扬女孩应当享有受教育的权力。马拉拉的慧心妙舌、奇迹般的幸存、在危险面前的镇定自若，以及绝不由于害怕而放弃自己的事业，是我曾遇到过的具有最令人鼓舞的勇气和在压力之下保持优雅的榜样之一。我发现，许多人在媒体播放她的名字时，都会保持沉默以示尊重。如果你曾听过她的故事，也会在你的灵魂上留下印记。

具有总统山的坚毅的另一个例子是桑迪·格莱姆斯（Sandy Grimes），她是前美国中央情报局军官，在20世纪80年代，她曾眼睁睁地看着中情局在苏联的“资产”被逐一清除——总共10人，还有更多人被投入监狱——自己却无能为力。在冷战期间，一些情报辗转经由这些“资产”的手被转移到美国手中，而“资产”被清除，显然意味着中情局内部出现了叛徒，将美国的秘密也转交给了外国情报机构。格莱姆斯和她的亲密同事珍妮·韦特弗耶（Jeanne Vertefeuille）一道，想方设法找出到底他们的哪个同事背叛了美国。多年以后，正是格莱姆斯将她的同事奥德里奇·埃姆斯（Aldrich Ames）令人生疑的巨额银行存款与他和一个苏联联络人的会面联系了起来。如果不是格莱姆斯的自律、对国家的忠诚以及顽强的毅力，还会有更多人失去生命，而美苏两个超级大国的关系，也可能与今天完全不同。

因此，如果你想寻找够得上总统山的坚毅、值得效仿的行为和值得追随的理念，不要理睬令人沮丧的头条新闻和狗仔队对名人的跟踪拍摄，我保证你会发现，具有真正坚毅的人们眼下就在造就新闻，鼓舞我们绝不放弃，并且让我们支持一些积极的正义事业。

奥林匹斯山的坚毅

另一种类型的真正坚毅包括一些曾达到非同寻常高度的体育界人物，他们在追求“更高、更快、更强”的过程中，也激励其他人跨出舒适区去追求更高目标。虽然他们有些人名气很大，但很多人默默无闻，不过都克服了各种挫折和挑战，要么在各自的领域内创造了历史，要么仅仅通过参与竞争展示了非凡的勇气和优异，这些都是具有坚毅品质的胜利。

此前提到过的凯西·马丁就适合这个称号，此外还有女子网球运动员塞雷娜·威廉姆斯（Serena Williams）、男子游泳选手迈克尔·菲尔普斯（Michael Phelps）、首次完成人类登顶珠峰壮举的埃德蒙·希拉里爵士（Edmund Hillary）和丹增·诺尔盖（Tenzing Norgay）等。一些具备这类坚毅品质的不太知名的运动员也默默地、勇敢地影响了体育界的其他运动员，比如阿富汗的女长跑运动员塔米娜·克西斯塔尼（Tahmina Kohistani）。在这个饱受战火摧残的国家，许多人诋毁和质问她是“穆斯林的坏女人”，本应“跟在男人的后面”，却去抛头露面从事运动，尽管如此，她拒绝停止训练。虽然她没有得到太多的支持，也几乎没有训练设施和其他有益的资源，但还是在2012年的伦敦奥运会上晋级并跑出自己的最好成绩，在32名运动员中第31个完成比赛。赛后接受采访时，克西斯塔尼泪眼汪汪地向记者讲述了她的故事，并且告诉记者，尽管她没有赢得奖牌，但对自己的经历感到骄傲。她说：“能够来到这里，比获得金牌更加重要。”2016年，奥运会首次专门介绍了一群从叙利亚等战乱国家逃离的难民运动员，他们虽然面对难以形容的艰苦环境，却仍然坚持训练。他们似火的热情和不屈不挠的精神，是奥林匹斯山的坚毅的最好注解。

真正坚毅的人们一次又一次地告诉世人，赢得胜利或奖牌，并不是激励他们的唯一因素。真正鼓舞他们并让他们怀有一个孜孜以求的目标的，是挑战自己的极限或是挑战他们这项体育运动的极限。在挑战的过程中，他们常常激起他人思考，怎样才能做到更加坚毅、更加勇敢，同时也鼓励他人以全新的方式跳出他们的心理和身体的桎梏，那样的话，往往能够使自己的人生变得更加繁荣和美好。

名人的坚毅

2008年，在哈佛大学的毕业典礼上，J.K. 罗琳发表了一场关于失败、友谊、冒险的极具感染力的演说。几乎一瞬间，这次演讲就像病毒般快速流传开来，因为其中传递了拒绝放弃梦想的信息。罗琳的梦想是围绕一个名叫哈利·波特的男孩创作一系列魔法小说，这一梦想改变了她的人生，也改变了数以百万计的其他人的人生。和许许多多的父母一样，我亲眼看到我家的三个孩子如饥似渴地阅读《哈利·波特》系列小说中的每一个章节，而且一遍又一遍地反复读。我女儿甚至把全套小说带到了大学，在自己备感压力、需要安慰与亲情的时候，把小说拿出来读。

还有多少像我一样的妈妈们对 J.K. 罗琳心怀感激，感谢她孤独地坚持写作，尽管她自己也是一个身心俱疲、家庭破裂的年轻母亲？我们有多少人感激罗琳让我们的孩子爱上阅读？多少悲伤的年轻人在她笔下的霍格沃兹魔法学校这个魔幻世界里寻求安慰，使得自己不再紧紧盯着给自己带来麻烦的事情？又有多少初出茅庐的作家受到罗琳坚忍不拔的故事的鼓舞，即她尽管在生活卑微的情况下开始创作，却自始至终不肯放弃自己的梦想的故事？

真正的坚毅的另一个共同特性是，拥有这种品质的人们绝不会贬低他们接触过的人；而是几乎全都以某种方式让后者变得更幸福或者更出色。罗琳的小说，只是一个展示了名人的坚毅可以释放出怎样的热情与能量的小小例子。她对写作的坚持不懈，加上《哈利·波特》系列小说中推崇的价值观，使得这些小说被誉为“拯救读物”，也为全世界被奴役的人们筹集了资金。[1]

J.K. 罗琳、奥普拉·温弗瑞（Oprah Winfrey）、迪克·范·戴克（Dick Van Dyke）以及 Spanx 公司创始人萨拉·布莱克利（Sara Blakely）等人，全都符合我划分的名人的坚毅的类别，在公众眼中，他们都以积极的方式改变了人们的生活，并不是因为他们着手去改变他人，而是因为他们自己的故事示范了真实的坚毅。例如，20 世纪 70 年代，在舞台上和荧幕上大获成功的迪克·范·戴克公开了他与酒瘾做斗争的经历，他说，他总是想象自己是位牧师，找到了另一种方式给别人带去希望。据说，名人的身份和地位，给他们带来了要成为全社会榜样的负担；而当某位名人的行为展现了真实的坚毅时，我们所有人都倍加幸运。

普通人的坚毅

最后，我们来观察拥有真正的坚毅的最大群体，他们是每天醒来后奋力实现自己的目标的幕后英雄，那些目标需要他们持之以恒和竭力奉献，而且还看不到明显的外在奖励或其他人的关注与欢呼。这些人中，有的尽管自己拥有全职工作，仍在无私地照顾残障儿童；有的不知疲倦地为弱势人群呼吁，作为公设辩护律师和社会工作者的角色，尽管报酬很低、最终的结果不如人意，也在所不辞；有的年逾花甲依然学会阅读，以便获得自己长期渴望的高中学位。尽管我称之为普通人的坚毅，但只要了解这些人所做的事情以及他们怎样影响自己的家庭、社区和组织，你会发现，他们绝不普通。

詹姆斯·罗伯森（James Roberson）就是这样一个人。他在底特律郊外工作，11 年来，每天都来回步行 21 英里[1]上下班，

---

[1] 约 34 公里。——译者注

但他却保持着完美的出勤记录。我们知道，在当今这个世界，许多年轻一代的上班族拒绝长时间工作、过早上班或者周末加班，但罗伯森由于自己无力买车以及缺乏合适的公共交通工具，却每天来回奔波。后来，他的事迹被一家报纸披露，引起了公众的关注。没过几天，GoFundMe 网站为他筹集了 35 万美元，免费赠给他一辆汽车，还向他展示了世界各地的人们对他的崇敬之情。摄影师记录下了罗伯森在收到赠予的汽车时无比惊讶的神情，他泪流满面地说道："我好希望我的父母能够看到我现在的样子。"

普通人的坚毅的故事之所以四处迅速传播，是因为我们渴望在这个世界中看到善良的典范，而如今这个世界，大多数新闻以"越血腥越吸引眼球"为座右铭，而且，我们见到的是一个充满自恋和愤怒的世界。当我们有机会见证与奋力拼搏、谦卑恭敬、和善友好相匹配的英雄行为时，我们心怀敬畏，也想和他人分享内心的敬畏之情。研究表明，这种敬畏之情能够影响我们体内结合化学物质的释放，从而强化我们的亲社会行为。因此，当我们听说詹姆斯·罗伯森的故事，或者听到某个人整天为弱势孩子修理破旧自行车，或者听说某个女人将退休人士与新生儿童进行一对一的配对，让新生儿童远离从他们母亲那里遗传下来的毒瘾时，这好比是治愈灵魂的一剂良药——再怎么多，我们也不嫌多。

如果我们留心观察，真正的坚毅无处不在。一位祖母早晨开车把孙子女送到学校，晚上还要打另一份工，以补贴家用，更好地养育孙子女；一位市中心的足球教练甘愿奉献他的时间来培育孩子，因为他想确保更多的孩子有机会培养自律与自尊；一位流行歌手为求跻身音乐界，即使风餐露宿、缺衣少食也在所不惜；还有，一位已经40年没有沾过酒的白发苍苍的老者每年都参加匿名戒酒互助社的集会，他之所以经常参加，是因为他知道，只要自己出现，便能鼓舞那些艰难戒酒的人们保持清醒，远离酗酒。这样的例子还有很多：在地铁口拉小提琴的女子，为的是和行色匆匆的上班族分享她对古典音乐的热爱；或者，有位第一代的大学新生甘愿承受经济上、学术上和情感上的重重压力，以便充分利用她的父母无法得到的各种机会。

越关注，越放大

在研究最佳形式的坚毅时，我研究的时间越长，便能找到越多这些例子。但在冷酷的国际新闻的喧闹中，全天候的新闻反复回放着各种各样的问题，而且，在政界和其他各个领域，一些粗俗的东西被当作是可以接受的，正因为这些原因，我们有可能忽略了坚毅品质的存在，没能从恰好出现在我们面前的例子中学到东西。我相信那句老话："你越是关注的东西，便越会被放大。"因此，摆在我们面前的部分挑战是学会怎样发现、欣赏以及和他人分享那些包含了真正的坚毅的品质。

我想帮助你剔除生活中无休止的干扰，它们阻塞了你通往培育谦卑、意志力、热情、耐心和真正坚毅等其他优势的道路。我希望这本书能帮你看清并辨别一些正确的道路和榜样，它们有助于你找到在最艰难局面下成长、改变、兴盛的新的方式方法。你有没有曾经非常接近你想象中自己能做的事情？你是否知道怎样在每一种背景中崛起，以便你可以带着抱负与热情来生活，而且毫不后悔？

划自己的船

家庭、社区、组织或者整个世界的各种改变，总是从某个人的行为开始的，在划船这项运动中的“划自己的船”（Row your seat）这个短语，恰好描述了这种现象。如果在水面波涛汹涌而且小船速度不够快的时候花时间去批评和纠正船中的其他划桨者，那么，你将错失去培养真正的坚毅的最佳时机。因此，我劝你从现在开始，向着艰难崎岖的个人伟业之路“划自己的船”，不要期待别的，只需知道你正怀着激情和渴望来过好每一天，让自己的人生变得最美好、最精彩。

以下是你要凝神思考并写下来的一些问题：

- 列举几个集中体现了总统山的坚毅的历史人物。描述他们干了些什么事业以及在此过程中怎样体现他们真正的坚毅。
- 你是否有一个最喜欢的体育人物，他也许举世闻名，也许默默无闻，但却有着奥林匹斯山的坚毅？这个人的哪些个性特点让你觉得格外突出？
- 在名人的世界里，是不是有哪个人代表了真正的坚毅，积极进取并且令人振奋？把这个人的某些细节写下来，同时描述他鼓舞你挑战极限并确立更艰巨目标的行为。

- 列举你生活中遇到的普通人的坚毅品质，他体现了谦卑、热情、毅力和希望等品质。写下你怎么认识这个人以及和他相处是什么样子。他们的出现，到底怎样让你以不同的方式思考或行动？

让我们先来看一些有哪些“坏的”坚毅，了解你需要知道些什么和做些什么，以避免将你的毅力与热情转变成徒有其表却毫无实际意义的固执行为，然后再探讨那些有助于你培育更好的坚毅的信息和练习。

第 6 章

chapter6

坏的坚毅

虚假的、倔强的、自恋的

英俊潇洒、聪明睿智、雄心勃勃，这是布莱恩·威廉姆斯（Brian Williams）给人们留下的印象，也使得他轻松地在职业晋升的道路上飞黄腾达，直到担任美国全国广播公司《晚间新闻》的主播。他的头发油光发亮，整整齐齐，而且永远看起来很年轻，他告诉观众，自己曾经不顾个人安危，在战区、卡特里娜飓风灾区以及其他危险的地方采访。在众多观众面前发表演讲时，他会严肃地向大家描述自己如何刚好躲过危险、在直升机上险些被子弹击中、看到大街上堆满尸体，而自己经历的所有这一切，是因为他是电视台的新闻主播，有责任诚实且不带任何偏见地向观众发回报道。

但在 2015 年，一位来自战斗部队的老兵在《星条旗报》上发表文章称，威廉姆斯叙述的自己非凡勇气的故事，绝大部分是杜撰的，贬低了那些真正在战火中生存的士兵们的勇气。没过多久，威廉姆斯的其他故事开始被公开揭露，进一步放大了他多年来美化自己的恶劣行径，而所有这些刻意的美化，全都为了将自己塑造成比他本身更顽强、更勇敢、更坚毅的形象。

为了解释培育真正坚毅的习惯与心态为什么重要，同样重要的是观察另一些人，他们的心中尽管已经埋下了好的坚毅的种子，却没能将自身行动转变成使世界变得更美好，或者鼓舞他人为值得奋斗的目标拼搏的结果。布莱恩·威廉姆斯以及本章中简要介绍的其他人，并不一定是“坏人”。不过，他们用某些包含坚毅品质的优点来包装他们对名利、金钱和地位的追求，却没有表现出诸如诚实、友善和谦卑等重要品质，这可能产生有瑕疵的结果，值得我们警醒。在逐一观察下面这些例子的时候，你可能发现自己在默默点头或暗自发笑，但要提高警惕，因为它们全都表明，当我们出于错误的理由而奔向错误的轨道时，假如不留意在风中飘扬的自恋、忌妒、傲慢和自大的旗子，我们的“小小火车头”可能会越出正轨，最终倾覆。

虚假的坚毅

布莱恩·威廉姆斯是“虚假的坚毅”的绝好例子，我们还发现，这种“虚假的坚毅”，还体现在许多假装已经完成了艰巨任务，但为了赢得他人的尊敬而抄捷径或捏造那些成就的人们身上。虽然很多人欣然承认，他们有时候自吹自擂，是为了给心中爱慕之人或未来的老板留下美好印象，但是，由于人们还会声称自己已经取得多么伟大的成就，所以，虚假的坚毅会将这种品质导向完全不同的层面。特别是，尽管这些人知道自己没有付出努力，也许不可能奋力实现那些目标，但他们谎称的结果，使得他们摇身一变，成为优等生，有时甚至成为精英的群体中的一员。

很多人认为，盗用战地英雄的荣誉是最令人厌恶的谎言中的一种，因为军人几乎受到万众的敬仰，不论是哪个国家或者在什么背景下。我找到的一些最为恶名昭彰的“虚假的坚毅”的例子，是那些声称曾获得荣誉勋章的人们，这一勋章是美国军方颁发的最高荣誉。该荣誉对许多军人来说是梦寐以求的，而且极其罕见，当前仅有 78 位获得者依然健在，所有这些人，都是“在对抗敌方武装力量的战场上冒险犯难、不畏牺牲、能超越职责表现突出的勇敢官兵”。[1]

令人震惊的是，人们发现，许多人在网络上和跳蚤市场上购买假的荣誉勋章，更有甚者，把这些伪造的奖励写进他们的简历中，并且佩戴着它们参加表彰战斗英雄和其他英雄的游行。美国国会荣誉勋章协会主席保罗 · 布恰（Paul Bucha）认为，人们声称自己受到过极高的荣誉，实际上却没有获得过，部分的原因是我们的社会青睐“赢家”，而有的人相信，他们平凡的生活和普通的行为，不足以让他们对自己感觉很好。布恰推测，虚假的坚毅是人们感受到的一种心理压力的自然副产物，这种压力在逼迫他们去实现重要目标，觉得只有这样，才能被社会认可。如果你认为自己不具备成为赢家的条件，或者觉得，假如没有那一头衔，你的价值就不太高，那么，盗用一些并非靠你自己的努力挣来的荣誉，相比于想清楚你还可以做些什么来让人生变得有目的和有意义，似乎更容易一些，也更好些。

布恰问道："为什么我们走关系去上我们通常无法被录取的大学？为什么我们在奥运会上使用人类生长激素？而且，为什么我们把美国职业篮球联赛（NBA）的篮球运动员送去参加奥运会？因为第二名不够好。我们格外看重那些外在的装饰物。赢，成了最重要的事情。这正是如今的社会骗子或造假者横行的原因。"[2]

对虚假的坚毅，紧盯着自己的支持率和选票的政治家们也没能超然度外。那些美化自己的参战经历的几个例子，包括美国前总统罗纳德·里根（Ronald Reagan），在他的军旅生涯中，他由于视力差而驻守国内，但他将自己参战的经历描述成比实际的更加危险丛生。前退伍军人事务部长罗伯特·麦克唐纳（Robert McDonald）吹嘘自己曾参加特种部队，而先后担任国会议员和参议员的马克·柯克（Mark Kirk）声称自己获得过美国海军颁发的一项令人梦寐以求的荣誉。希拉里·克林顿（Hillary Clinton）也曾因为说过自己差点儿在波斯尼亚的停机坪上被子弹击中而饱受人们批评，而实际上，录制的视频片段显示，她在抵达那里时，向人群挥手致意，脸上挂满微笑，还和人们握手，丝毫看不出危险的迹象。

房地产开发商和现任美国总统唐纳德·特朗普（Donald Trump）也毫不意外地拥有他独特的虚假坚毅。尽管他是出了名的吹牛大王，吹嘘他实际上在人生的所有方面都取得了成功（这够得上另一种负面的坚毅），但他真的没有假装自己在军队中服过役。他更进了一步，说他在纽约陆军军官学校的那段时间“总是觉得就是在军队中”，因为他接受了“比军队中的士兵们多得多的军事训练”。[3]

在不计成本赢得令人梦寐以求的奖赏时，有的人不可避免地走捷径，好比在体育甚至学术领域中的“红衫行为”，这种行为通常在虚假坚毅突然涌现在体育界时出现。最近几年，通过使用合成类固醇和人类生长激素之类的违禁药物在体育项目上取得好成绩的行为，使得许多世界冠军和奥运会冠军的成绩被取消，金牌被剥夺。如今，公众开始表现出对贝瑞·邦兹（Barry Bonds）和罗杰·克莱门斯（Roger Clemens）之类的棒球超级巨星所作所为的集体鄙视（他们是所谓“类固醇时代”的产物），在一年一度的名人堂投票中，公众对他们这些人投的票越来越少。这种转变似乎在表明，在评选我们的棒球英雄时，人们还是更看重“正直、体育精神、品格”等一些确定的特性，鄙视虚假的坚毅。[4]

在游泳方面达到一流水平，通常要进行多年的残酷练习，包括每天练习两次、举重、凌晨4点起床，还要付出数不清的个人牺牲。有的游泳运动员即便始终按照这种令人筋疲力尽的训练方案来训练，练好几年也提高不了成绩。这正是爱尔兰游泳运动员米歇尔·史密斯（Michelle Smith）在1996年奥运会夺得三块金牌时招致许多人侧目的原因。人们之所以怀疑，是因为她此前从未达到这项运动的最高水准，却在26岁时令人费解地飞速提高成绩，还因为她与一位荷兰的自行车选手有牵连，后者由于服用兴奋剂而被禁赛。在夺得奥运金牌后，史密斯在一次随机的药检中被发现篡改尿液样本（用酒精影响药检结果），因此被禁赛四年。后来，史密斯宣布退役，但她的停赛在竞争对手的口中留下了苦涩的味道，因为她在赛季结束后才被发现篡改尿液样本，意味着她的奥运金牌被允许保留。[5]

也许在当代体育史上最臭名昭著的虚假坚毅的案例是自行车运动员兰斯·阿姆斯特朗，多年来，他以一名睾丸癌幸存者的身份宣称，自己在没有获得任何非自然的帮助下，塑造了超人般的身体，磨炼了钢铁般的意志，尽管患癌，仍然多次夺得环法自行车赛的胜利，同时，他成功地构建了一个以他为中心的产业，塑造了个人品牌。他创办的名为“坚强生活”（Livestrong）的非营利组织，沐浴在无比耀眼的光环之下——由一个如此坚强的人所领导，即使身患癌症，也不能阻止他继续向前。在接下来的十年里，随着阿姆斯特朗继续他对全世界的欺诈，他赚取到了数百万的奖金、赞助和出场费。

后来，阿姆斯特朗的一些前队友被召集到一起，要求对他们亲眼所见和参与的事情宣誓作证，结果，这些队友告发了他。阿姆斯特朗对这些队友报以邪恶的回应，威胁要伤害并起诉他们，对其中的几个人，他还毁了其生计和声誉。好几年来，他想方设法用虚假坚毅的故事欺骗公众，私底下却给开具药物的医生以及药物供应商支付报酬，那些药物能让他更卖力地骑车、更快地恢复，并且赢得比赛。最后，由谎言支撑的整个纸牌屋坍塌了。如今，阿姆斯特朗生活在半隔离的状态中，背负着耻辱，被终身禁止参加这项带给他荣耀的比赛，而且受到前队友的斥责。他的这些队友在他追求胜利的过程中被无情击败，但如今被人们视为不屈不挠的冠军。[6]

在大学和其他专业领域，我们的社会也充斥着虚假的坚毅。一些顶级大学的医学系和心理学系爆发了无数丑闻，人们发现，有的研究员篡改数据，常常是因为他们不愿意耗费多年时间去进行单调乏味的筛查，从研究结果中找出统计显著、值得关注的成果。[7]以剽窃方式获得博士学位是最近几年越来越普遍的另一种虚假坚毅。毕竟，当人们发现可以十分容易地将他人的作品剽窃为自己的作品时，为什么还要付出七年甚至更长时间的刻苦研究和撰写原创论文呢？而那些通过篡改计时卡，说自己在工作中加班加点，因而声称是办公室里最刻苦的人，又是怎样的情况？

这种行为通常还转变为犯罪。例如，2010年秋，人们发现一位名叫莱拉·韦斯特的老奶奶在10年间从弗吉尼亚学术赛艇协会挪用了50万美元的资金。这一罪行被披露前，许多人以为老奶奶是赛艇这项运动中一名值得尊重、雷厉风行的志愿者，她甚至入选负责挑选奥林匹克赛艇运动员的委员会。在她贪污期间，她还被人们称为“赛艇女王”，因为她曾慷慨地为这个组织工作数百个小时，没有领取任何报酬。在一家报纸采访她时，她假惺惺地谦卑地说：“我没有时间从事有报酬的工作。”[8]

我们也发现有的公司表现出虚假的坚毅，它们采取走捷径的方式在市场上轻松获胜，而贪婪通常是这种不道德行为的根本动机——安然（Enron）和富国银行（Wells Fargo）是两个最近的例子。《哈佛商业评论》曾发表过一篇题为《疯狂的目标》（Goals Gone Wild）文章，文章详细描述了当各公司设立了远大的目标并走捷径去实现它，以获取利润或声誉，或者名利双收时，便会出现灾难性的后果。[9] 例如，福特公司渴望用半年时间，仅花 2000 美元成本制造一辆重 2000 磅㊀的汽车，以求在汽车领域创造新的突破，结果导致汽车的质量有缺陷，安全系数下降，在尾部遭到碰撞时突然着火。该公司知道，如果把保险杠做得结实一些，本可避免这种情况出现。福特公司在自以为是和目中无人的李·艾柯卡（Lee Iacocca）领导下做出的这一决定，最终使得 900 人丧生或致残。[10]

虚假的坚毅在很多方面与真正的坚毅截然不同，最显著的是，真正坚毅的人们谦卑谨慎，从来都不会夸耀他们自己。而虚假坚毅的人们想让你知道他们做了多少事情、工作多么努力、性格多么坚强，而且，他们陶醉在自己一手包装的声称的成功光环下，无论是在接受采访时大谈特谈他们的成就、把自己身着环法自行车赛黄色领骑衫的照片发在推特上（像兰斯·阿姆斯特朗那样），还是在 7 月 4 日美国国庆日的游行中戴着从跳蚤市场上买来的伪造勋章，频频向路人挥手致意。这些人刚开始时会因为捏造出来的光环自然而然地吸引别人的目光，到最后却往往使别人感到不愉快，因为他们过度宣传自己，以至于当他们的恶劣行径被人们发现时，人们对他们根本没有一丝同情。

㊀ 约合 907 千克。——译者注

倔强的坚毅

2012 年 5 月 19 日，施瑞娅 · 沙哈 – 克洛芬（Shriya Shah-Klorfine）成功登顶珠穆朗玛峰。这位来自加拿大的女性在实现了登上世界最高峰这一多年来的梦想后，纵情欢庆这一经历，并且不断拍照。正如她丈夫后来指出的那样："如果她想要做什么，你说什么也阻止不了她。"她丈夫还补充说："她的意志十分坚强——你可以说她是 A 型人格的人。"㊀但在沙哈 – 克洛芬从最高峰往下撤退时，一切都已太晚。她团队中的其他人警告过她，她应当早早撤离，但她对这种警告不屑一顾，这不但增大了使自己死亡的概率，而且还将其他人置于险境。如人们担心的那样，这位加拿大的梦想家最后终于走不了了——或者说，根本一动不动了。她在顶峰上拖延了好几个小时，最终命丧雪山。10 天后，她的遗体被运送下山。[11]

坚毅，对吗？在追求长远目标上表现出的热情与坚持不懈？没错。但这是真正的坚毅吗？绝对不是。施瑞娅 · 沙哈 – 克洛芬表现出的坚毅，我称为"倔强的坚毅"，也就是说，顽固地追求某个长期目标，但由于情况已经发生改变，该目标的负面效果大于正面效果，因而造成不幸或意外。

沙哈 – 克洛芬确实长期以来心怀征服珠峰的梦想，但她实际上对登山知之甚少，也没有受过必备的训练。有资格的登山者知道，这种训练是残酷的登山运动不可或缺的，通常包括持续数年

㊀ A 型人格者较具进取心、侵略性、自信心、成就感，并且容易紧张。——译者注

的高强度技术训练，外加做好心理和生理的准备。沙哈－克洛芬拥有的，除了固执就是金钱。她并没有在数年时间里坚持默默的艰苦训练（这正是真正的坚毅应有的题中之意），而是付钱给尼泊尔一家名叫“终极冒险徒步旅行”的公司，但这家公司事实上从未带领任何人攀登珠峰。双方约定，公司负责教给她需要知道的一切，甚至包括怎么穿上攀登用的钉鞋或者在她的靴子上安装攀登冰山用的长钉。

尼泊尔的夏尔巴人曾伴随大部分登山团队上山，因为他们世世代代积累了丰富的经验，而且具有独特的身体素质，不过这次，他们从一开始就表达了对沙哈－克洛芬的能力的担心，但毫无作用。她比其他所有人都慢一些，并且傲慢地认为，仅仅因为自己身体健康并且没有高海拔头痛的症状，便可以克服登山途中的困难。终极冒险徒步旅行公司的经理里希·拉杰·卡德尔（Rishi Raj Kadel）后来说：“我们跟她讨论，每次她都说‘我能行，我能行，我能行’。”经理这是在为他们做出的让沙哈－克洛芬登山的决定而辩护。

当登山者沉醉于他们想象中的登顶最高峰的情景，并且为了攀登珠穆朗玛峰之类的值得炫耀的高海拔山峰而投入他们的时间、金钱和自我时，容易染上登山运动员称为的“登顶狂热”。登顶狂热是一种不顾正在聚集的风暴云和恶劣的气候条件而一心只想登上峰顶的非理性状态，而风暴云和恶劣的气候，可能预示着暴风雪即将来临。登顶狂热抹去了人们的良好判断，让你自己以及其他人的生命受到威胁，因为你在不顾一切地赢得奖赏，并且争取自己向别人吹嘘的资本，说你曾经登上过顶峰。[12]

同一种类型的疯狂动机和糟糕的决策可能出现在水下，在这种情况下，某位初级的潜水员试图进行一次超出他的技能水平或训练水平的潜水，有时候是为了有资本向别人吹嘘，比如在大洋底下勾起了一件从沉没的远洋班轮安德烈亚·多里亚号或泰坦尼克号上掉下来的瓷器。《最后的潜水》（*The Last Dive*）一书详细讲述了发生在深海之下的倔强坚毅的最悲惨的故事。故事的主人公是一对名叫克里斯和克里西·劳斯的父子，两人都肆无忌惮地追求成名，并且在他们尝试着揭开一艘德军潜艇的密秘时轻视了良好的判断，那艘潜艇已在新泽西州的海岸外沉没了好几十年。最后，在父子俩一同进行的最后一次潜水中，两人遭受了“减压病”㊀，在极度痛苦中死去。引起这一悲剧的部分原因是所谓“深渊的狂喜”，这是一种与登山者感受到的“登顶狂热”同样错误的幸福感，发生在稀薄的空气导致人们难以清晰思考的时候。[13]

不论你称它为“登顶狂热”“深渊的狂喜”还是“倔强的坚毅”，它们都象征着在某个雄心勃勃的目标已经不再合理时，人们仍然顽固不化地去实现它。倔强的坚毅的企业家会不顾他们企业的产品已经不再赚钱的现实，仍然继续“扔好钱追坏钱”，加班加点地工作，以证明他们的观点正确，并且忽略那些更加清晰观察局势和试图帮助他们的人们的建议，不肯趁早从错误的投资策略中抽身出来。倔强的坚毅的运动员会一直不知疲倦地比赛，直到将普通的受伤和力竭转变成永久的伤害，就像艾奥瓦州 13 所大学的足球运动员那样，2013 年 1 月，他们投入到超出身体能力的令人精

㊀ 减压病是由于高压环境作业后减压不当，体内原已溶解的气体超过了过饱和界限，在血管内外及组织中形成气泡所致的全身性疾病。——译者注

疲力竭的练习之中，结果出现横纹肌溶解，导致肌肉分解进而造成肾脏感染，不得不入院治疗。[14] 还有那些倔强的坚毅的节食者，不知道什么时候要停下减肥的步伐，从而踏进了神经性厌食症的危险领地。(这种进食障碍的患者也和某些登山者和初级潜水员一样，不知道什么时候该停下来。神经性厌食症的患者在他们的体重已经降至临界体重之下时，大脑却无法有效地工作，而且，如果他们不听真正关心他们的心怀好意的朋友的建议，甚至有可能丢掉性命。)

倔强的坚毅尤其令人悲伤的是，顶级运动员忽略身体发出的警示信号（那些信号警告他们练得时间太长、强度太大，导致身体无法承受）并最终导致他们的运动生涯不得不终止。美国顶级马拉松运动员之一的瑞恩·霍尔（Ryan Hall）恰好就是这种情况，2015 年时，他昙花一现的跑步生涯来到了终点。多年来，瑞恩·霍尔一直在惩罚自己的身体，经常性地每周至少跑步 100 英里㊀，并且在 2012 年伦敦奥运会之前运用非常规的训练方法，包括以马拉松的速度来训练。如今，他不无后悔地说，尽管他多年来一直处在顶尖水平，包括在斯坦福大学时期夺得过 5000 米的全国冠军，并随后跑出了美国男子马拉松的最快纪录（2 小时 04 分），但过度的训练却在他正准备发挥自己的潜能时适得其反。今天，霍尔的睾酮长期处在低水平，而且极度疲惫，即使医术最高超的医生，也对他爱莫能助，最后，他做出了艰难的抉择——退役。霍尔在令人同情地回想自己跑步的生涯时说，不确定自己是不是“已经触及了身体的底线，甚至不知道身体的底线是什么”。[15]

㊀ 约合 160 公里。——译者注

倔强的坚毅的一个警报信号是狂妄自大。与在虚假的坚毅中见到的自恋和权利感不同的是，倔强的坚毅的这种狂妄自大，体现在这些人身上：他们相信自己具有超人的能力，能够从帽子里变出兔子（那些帽子是指他们的身体、情感，或者是财务），也确实按照成功的要求去奋力拼搏，但他们没有注意这样一个事实：当目标已经不再合理时，他们的努力也就不再合理。有史以来最杰出的女子网球选手之一的小威廉姆斯时常承认自己也有着倔强的坚毅，她说："我难以让自己停下来，好比我身上没有'退出'键。真的，你们不可能对我按下'退出'键。"她怎么解决的呢？她告诉自己家人和支持团队："听着，如果我生病了，假如你不得不打我，我才能停下来，你们就打我，阻止我，不让我外出。"[16]

和真正的坚毅不同，倔强的坚毅不会鼓舞他人；相反，它引人深思，为什么那些人无法认清现实。有些倔强的坚毅的人尽管唱歌跑调，却坚持参加《美国偶像》的比赛，当评委告诉他们没有这方面的天赋时，他们感到震惊不已，然后愤然退场，坚持说自己仍要继续把唱歌当成事业来追求，以证明每一位评委都犯了错，因为"所有人"都曾告诉他们，他们在唱歌方面多么有才华。想一想最近几十年针对许多千禧世代的"只要参加比赛就能获得的"奖杯以及对他们的膨胀的表扬吧，这已经使得许多关于天才的探讨缺乏诚实性了。

当目标不再合理时，人们仍然难以停下追逐目标的步伐，其中的部分原因，可以通过经济学理论中的沉没成本来解释。研究表明，一旦我们已经投入了大量的时间和精力来从事某一活动，例如婚姻或事业，我们不希望在出现"账面亏损"之后便走开。这是人类的一种自然趋势，它可以用一句俗话来概括：“失败带给人的无比心痛，比胜利带给人的美好感觉更多一些。”[17]但是，拥有真正的坚毅品质，部分地在于有自知之明，并且建立一个机敏的支持者和顾问团队，他们帮助你知道，在某件事情已不再合理时，什么时候该放手并停止投入时间、金钱和精力。倔强的坚毅造成的狂妄自大，使得决策变成了自己一个人的事情，或者身边全都是随声附和的人，这些人从来不去质疑决策者的自我或挑战决策者的权威。自我决定理论的共同创始人爱德华·德西（Ed Deci）发现，一个人做出的决策，绝不会是最佳的决策，这也正是我们拥有适当数量的朋友和同事如此重要的原因所在。[18]

自恋的坚毅

2014年秋，罗伯特·奥尼尔（Robert O'Neill）违反了美国特种部队“安静的专业人士”的规定，突然陷入了各媒体的聚光灯的重重包围。奥尼尔曾是海豹突击队的一名队员，2011年，他和其他战友组成的小分队突袭了奥萨马·本·拉登（Osama bin Laden）在巴基斯坦的住所，并击毙了他。然而，尽管奥尼尔事先已经宣誓将保守这次任务所有细节的秘密，但他还是表明了自己是这支小分队的成员。他对《时尚先生》杂志记者说：“我射中了他，两次击中额头。‘砰’‘砰’第二声枪响的时候，他倒下了。他倒在床前的地板上，我再次开枪射杀他。”[19]

奥尼尔将射杀本·拉登归功于自己并泄露这次秘密突袭行动细节的行为，激怒了他以前的同事，也招来了特种部队兄弟会其他成员的鄙视，他们异口同声地说，奥尼尔违反了兄弟会的精神。也许正是体现了这一代人渴望成名和被人敬仰的心理，奥尼尔的自我，违背了军队中一句经常引用的格言："团队中没有'我'这个词。"2015 年年底，极端组织伊斯兰国在社交媒体上公布了奥尼尔的家庭住址，指出他是该组织的头号暗杀目标。[20]

在许多重要的方面，自恋的坚毅是虚假坚毅和倔强坚毅的一个变种。和虚假坚毅的人不同的是，自恋坚毅的人夸大他们实际上已经取得的成绩。他们和许多显示了倔强坚毅的人一样，并不是没能实现他们的目标（他们确实实现了）。自恋的坚毅是独特的；我把它定义为"极力地赞颂某人对艰难目标的追求，包括成功地战胜障碍，无论是真实的还是想象的障碍"。我之所以还加上一句"想象的障碍"，原因在于，有的人有时尽管达到了极具挑战性的目标，但并没有选择你认为他们会选择的充满艰辛的道路。自恋的坚毅，散发出自我陶醉的气息。

具有自恋坚毅的另一个例子是橄榄球运动员强尼·曼泽尔（Johnny Manziel），他是得克萨斯州农业机械大学橄榄球队令人惊艳的四分卫，刚上大学一年级就获得过海斯曼奖。㊀然而，随着他名气越来越大并打破越来越多的纪录，他的行为也变得越发粗鲁，越发咄咄逼人。他嘲弄对手和公众，经常搓着自己的手指表达"数钱"的意思来表示自己的胜利，而且从来不羞于在社会媒体上自我宣扬。[21] 在 2014 年全国橄榄球联赛选秀中，曼泽尔被克里夫兰布朗队以第 22 位顺位选中，但没过多久，他陷入了更大的麻烦

㊀ 海斯曼奖是一个授予美国大学美式橄榄球运动员的奖项，同时也被认为是大学橄榄球运动员能获得的最高荣誉。——译者注

中，这一次，他被指控酗酒和家庭暴力。到2015赛季结束时，他几乎完全失去了在联赛中大放异彩的机会，不但布朗队裁掉了他，甚至他的两名经纪人也双双辞职。假如曼泽尔稍稍谦卑和自律一些（这是真正坚毅的两个要素），也许能够拯救他自己，使自己能在某支职业球队中发挥自己的才华。然而，令人惊奇的是，他依然我行我素，表现出倔强的坚毅，因为他没有听从替他担心的家人和朋友的劝告。到我写这本书的时候，曼泽尔仍在继续沉迷于酒精和毒品之中，坚称自己没有问题。

谁是靠自己成功的

在我采访具有真正坚毅品质的人们时，真正让我感触最深的是，他们常常指出，自己在追求目标的过程中得到了别人的支持。如果你仔细察看那些自恋的坚毅的人们的故事，则会发现完全相反的情况；他们更多地使用代词“我”，几乎从来不对帮助他们取得成功的人表示感谢。

在美国，橄榄球是最受欢迎的运动项目之一，因此，像强尼·曼泽尔这样的明星和名人，很容易成为大学中的杰出人才。炫耀自己并不罕见，但有些团队不鼓励这样做，或者对过度庆祝处以罚款。圣母大学总是不把球员的名字印在橄榄球衫的背后，旨在传递这样一个信息：没有人比其他人更加特别。娱乐时间电视网（Showtime）曾经拍摄过一部反映圣母大学橄榄球队2015赛季的纪录片，名叫《一个赛季》（*A Season With*）。纪录片中出现了这样一个场景，有位球员在自己打出一个特别好的球之后开始哗众取宠地庆祝，却遭到教练的厉声警告："你觉得那全是你的功劳吗？如果前锋和其他球员不为你创造最好的条件，会怎么样？下不为例！"[22]

现在，我们从各个角度观察了积极的和消极的坚毅，更深入地了解了如何区分哪些是激励他人成功的坚毅，哪些是伤害和玷污某人自己和其他人的行为，现在，让我们研究怎样开始培育真正的坚毅。

Getting Grit

第二部分

第7章

chapter7

像烤蛋糕那样培育坚毅品质

真正坚毅的人们身上清晰展示众多的品质：谦卑、决心、毅力、自我控制和乐观主义，仅举几例。但在凝神思考如何制订一份鼓舞人心的指南来帮助人们培育坚毅品质的过程中，我意识到，我既要介绍自己的秘诀，还得提出一些警告。我们知道，在烤蛋糕时，假如你少放了一样原料、烤的时间太长、在错误的海拔高度烤或把它放在错误的盘子中烤，或者忘了把原料充分混合，那么，烤出的蛋糕味道会不同；同样的道理，如果你只是每次遵照这本书的某个章节的内容来做，然后寄希望自己做到最好，是不够的。培育真正的坚毅，意味着要对这些理念进行试验、反复练习，了解你通过反复试验后哪些方法奏效，并且从只会烹饪一种菜的厨师成长为能够将所有菜品综合起来的厨师长。

如果你只是某一天展现了自我控制能力但不是经常展现，或者，当你想要坚持的时候你能做到坚持，但并不是大部分时候都持之以恒，那么，你并不是在培育真正的坚毅——相反，你是在草率地培育坚毅。倘若你确立了一项使命，但没有设立目标并且听从关于实现自己使命的反馈，那么，你只能算是另一种类型的梦想家。若是你只在别人合你的口味时才向别人付出和给予，而不是建立一个互惠互利的团队，使团队中的成员个个都慷慨待人、为他人着想，那么，尽管你也可能实现你的某些目标，但你总是在单独庆祝。

我的武术老师保罗·托马斯（Paul Thomas）喜欢考验他的学生，时不时问他们正在做什么以及为什么这样做。他会停下教学，表演一个单独的出拳、踢腿、摔倒的动作以及十分漂亮的武术动作，然后问学生："我这样做，是一名武术家吗？"如果学生们点头，那就错了。

托马斯会坚决地纠正他们："这只是一个习武的人。要成为一名武术家，必须拥有知识、能力和正确的心态，知道什么时候攻击、怎样攻击，以及在一系列不同的情况下做些什么。武术家足够谦卑，善于从能力较差的人身上学习，并且尊重所有对手。武术家会直视你的双眼，不惧怕任何挑战。武术家可以将各种各样的动作综合起来，形成一整套优雅和谐的艺术。只是来这里上课，踢踢腿、挥挥拳，还不能算是武术家。那只是习武。"

正如练成武术家需要花时间那样，培育真正的坚毅也得花时间，有时候还要发扬你的耐心。我喜欢对我的客户提出警示，告诉他们，我们共同做的所有事情，比如确立目标、坚定内在的信念、培育意志力、构建积极的关系、运用身边环境的提示等，都是相互依赖的，假如在追求艰难的目标时遗漏了任何一个要素，就好比烤蛋糕时漏掉了一种重要的原料。例如，假若你致力于使自己的情绪更加丰盈，但你身边尽是一些反对者，那么，你就是在一边取得进步，一边又退回到原样。如果你的谦卑和耐心总是取决于你每天的感觉而时隐时现，你又怎么能期待最好的结果？如果你不能延迟满足，为什么要设立并竭力追求艰难的目标？

现在，你对人们可以怎么很好地和错误地运用坚毅这一品质有了深入了解，我希望你阅读下面的章节，思考你得做些什么，以便采用各种各样未经检验的方式来增强你的韧性。不要指望一下子改变所有事情。首先从详细描述了你想尽力去改善的方面的那一章开始，照着那一章末尾处的建议去做，看看哪些方法最适合你获得想要的结果。你甚至还可以和与你志趣相投的人共同投入这一过程，比如加入某个策划与支持小组或工作团队。我们在设计每章结尾处的练习时，考虑了让它们既活泼有趣，又发人深省。有些练习是动笔写的练习，另一些则要求你考虑一种新的行为，走出家门练习它，然后回到家里把结果写下来。许多练习可以一再使用，因此，你可以把它们复制几份，以便给你的家人、朋友、同事以及其他任何人分享你孜孜不倦追求目标的坚毅旅程。追踪观察并且庆祝你的进步。把这个过程“游戏化”，如果你也想这么做的话。为什么不能在让自己变得更加坚毅的过程中，也让自己有更大的乐趣呢？

靠真正的坚毅赢来的金牌

在 2016 年里约奥运会即将来临时，我在电视上看到了记者对 1996 年亚特兰大奥运会女子体操团体冠军美国队的采访。在采访中，克里·斯特鲁格（Kerri Strug）回忆了怎样凭借坚毅的毅力永远改变自己的情景。请让我首先介绍它的来龙去脉。

1996 年，美国体操女队参加了奥运会的比赛，目标是赢得团体冠军，但这块金牌自 1948 年以来一直是俄罗斯（苏联）女队的囊中之物。美国队在埃默里大学联谊会会堂刻苦训练，并在会堂周围拉起警用带和铁链，将队员们与外界隔绝起来，使之紧密团结在一起，专注瞄准目标并且设想成功的情景。在奥运会上，进入到团体赛的最后一轮时，美国队只以微弱优势领先，恰在此时，团队中的体操明星多米尼克·莫西阿努（Dominique Moceanu）却两次在跳马时跌倒了——这是前所未有的事情。这样一来，保住她们微弱优势直至拿到最后胜利的任务，落在了一向文静而且不怎么打扮的小姑娘克里·斯特鲁格的肩上，但她并不是队中最优秀的跳马选手。

斯特鲁格决心成为为团队赢得胜利的人，于是摆好架势，顺着跑道开始助跑，完成了难度系数很高的一跳，但她落在垫子上时，左脚崴了一下，顿时感到一阵灼热的疼痛，事后检查发现，原来她的左腿踝关节两根韧带撕裂了。当时，见到这一情景，美国队教练贝拉·卡罗利（Bela Karolyi）知道，斯特鲁格必须完成第二跳，才有可能赢得冠军，尽管她明显十分痛苦。卡罗利对她说："克里，我们需要你为金牌再努力一次。"斯特鲁格回忆道，当时她站起身来，对教练说道："这是奥运会，我能做到。"随后，她念了一句祈祷语，排队再跳一次。

也不知怎么，尽管斯特鲁格的脚踝一阵阵地刺痛，但她仍然像个着了魔的小女孩，助跑了 75 英尺[⊖]之后一跃上马，空中转体，然后稳稳落地。接下来，她迅速抬起受伤的左脚，用单脚从一边跳到另一边，向裁判微笑致意，之后便跪了下来。现场观众的情绪一下子达到高潮，在自己的座位上高兴得跳起来，大声欢呼，而俄罗斯运动员则只能无助地在一旁看着。斯特鲁格的这次跳马拯救了美国队，当她和队友一起上台去领金牌时，由于脚上已经打了厚厚的绷带，教练卡罗利不得不搀扶着她登上领奖台，并把她轻轻地放在队友的旁边。

在为奥运会备战期间，斯特鲁格已经练习了团体赛的各个项目数千遍，但在最需要她发挥水平的那一刻，她把自己经历过的一切都倾力奉献出来，以追求成功。如果只是单独地做好每一件事情，比如进行训练、具备谦卑品质、展示坚毅毅力、塑造坚强心态、依靠她的精神信念等，远不如她把所有这些都编织、融合到一起那么强大。只有把它们全都融到一起来，它们才最为重要。这并不是某个人在练体操；这是具备坚毅品质的奥运会体操

⊖ 约合 22 米。——译者注

运动员在重压之下最大限度地表现出勇气、专注、平静，而且她做到了。

斯特鲁格那坚毅的一跳，其意义远远超过帮助美国队赢得金牌并给美国带来一场极度渴望的胜利。其意义在于，它表现了真正的坚毅能够为那些愿意培育并运用这种品质的人们带来什么：改变人生。那一跳，为斯特鲁格在随后几年从事其他职业奠定了基础。如今，斯特鲁格说："那一跳的意义，远比人们了解的丰富得多，因为当所有人的目光都集中在我身上时，我出色地应对了这种压力，现在，我对自己的认识以及对自己的信心，与那次跳马之前迥然不同。"

做好准备迎接人生重要时刻

以下几章的先后顺序，我感觉是最合乎逻辑的，这也是我多年来在许多客户身上看到的情况。但由于世界上每个人各不相同，因此，我邀请你为自己的成长找到适合自己的起点。和克里·斯特鲁格一样，你也许得持续数年从不间断地做好大量单调乏味的工作之后，才能使自己变得像期望中的那样坚强与豁达。你要知道，这样会带给你大量小小的胜利，进而让你有信心和感到幸福，并且让你做好准备，当类似于奥运会的重要时刻来临时，你就能实现自己最宏伟的目标。当这种情况发生时，你可能觉得没有准备好，但请相信你的训练，让你的大脑做好充分的准备，然后让它快速运转起来。尽管当你真正腾空了之后，你还是得落地，但你的人生，绝不会再和从前一样。

第 8 章

chapter8

充满热情

2003 年，居住在佛罗里达州南部的杰克·海尔斯顿（Jack Hairston）郁郁寡欢地过上了退休生活，他觉得没有热情，也没有明显的理由生活下去，直到有一天，一个年轻人骑着一辆自行车在海尔斯顿的房子前面经过时，自行车突然坏了，这使得海尔斯顿的一切都发生了改变。由于海尔斯顿擅长干这类修理活，于是他走出家门，稍稍施展了一下自己的特长，帮助年轻人修好了自行车，使他能够骑着自行车去工作，赚钱养家。

很快，海尔斯顿能修自行车的消息一传十十传百地传开了，人们纷纷开始到他家来请他帮忙修理。海尔斯顿不再觉得自己一无用处，也不再情绪低落，而是期待着每一天的生活，因为他突然觉得自己的生活有了目标。他说，他用自己的修理工具和修理技能，改变了他人的生活，同时也使得他自己的人生再次变得有意义。

16 年后，海尔斯顿不再只是修理几辆自行车，转而看管一个用来存放已经修好的自行车的仓库，并且负责管理一个慈善组织，该组织在圣诞节时为孩子们免费赠送自行车。他的慈善组织名叫“修自行车的杰克”(Jack the Bike Man)，大批志愿者加入了这个组织，他们花时间为人们修车，只收取少量的费用，并且教家庭困难的孩子学骑自行车，以便这些孩子们去帮助他人，并且总能够骑着车到处走走。

海尔斯顿感到，孩子们骑上了自行车，便改善了社区生活，增进了人们的联系，使孩子们看到希望，并且使得一些贫困家庭拥有了交通工具。如果没有海尔斯顿，这些家庭不会拥有这种交通工具。同时，海尔斯顿在圣诞节免费送出的自行车，成了这个地区许多家庭的孩子最期待的礼物，照亮了数百名孩子的人生。如果不是海尔斯顿，这些孩子将没有圣诞节礼物。一开始看起来有点儿小小麻烦的事情，到最后却拯救了海尔斯顿的人生，使他重新找到了生活的热情与目标。

燃烧的目标

要变得坚毅，你必须有热情。假如没有热情，在艰难时刻和找不到解决方法的时候，便难以坚持下去。如果没有热情，当其他人在怀疑或批评你的时候，你很难提醒自己记得这趟旅程有多么重要。假若没有热情，你难以告诉别人你的使命有多么重要并说服他们帮助你。倘若没有热情，你制订的目标也许只是又一个精心设计的但没有创意的目标，不一定是将会改变你的人生或者改变世界的那种使命。但是，怎么才能获得热情，又怎样将热情与目标联系起来？

曾开展“棉花糖实验”⊖并发现了延迟满足的长期效益的研究员沃尔特·米歇尔（Walter Mischel）说，当我们心怀“燃烧的目标”时，或者胸中充溢着热情时，它会激发我们奋起，使我们更容易调用内在的资源来努力拼搏、拒绝诱惑，并且“看到”项目完成时的情景。米歇尔 8 岁那年，纳粹德国强占了奥地利，他们这个犹太知识分子家庭不得不举家逃难到美国，再也无法获得以前那样的经济地位。但米歇尔的奶奶告诫他，忍耐（也就是尽管面临重重挫折，也要运用内在的资源来继续奋力拼搏）极其重要，也恰好在这个时候，米歇尔用他那新发现的热情来谋求生计，“帮助自己的家人从一夜之间变为无家可归的难民的巨大创伤中恢复过来”，后来，他的这种热情又演变成帮助孩子学会如何应对创伤的热情。[1]

米歇尔是那种典型的通过经历某种挫折接着决定做一些事情来发现自己热情的人，他们做那些事情，目的是确保其他人不会

⊖ 棉花糖实验是斯坦福大学沃尔特·米歇尔博士 1966 年到 20 世纪 70 年代早期在幼儿园进行的有关自制力的一系列心理学经典实验。在这些实验中，小孩子可以选择一样奖励（有时是棉花糖，也可以是曲奇饼、巧克力，等等），或者选择等待一段时间直到实验者返回房间（通常为 15 分钟），得到相同的两个奖励。——译者注

经历同样的挫折，或者，假如他们和其他人都有着相似的经历，可以让其他人有更好的办法来应对。这也正是我应对暴食症时的情况：当我成功地克服了它时，我意识到自己极度渴望把热情带到每一天的生活中，也就是说，我发自内心地意识到，我们每个人都有权利活下去，不管生活有时候看起来多么没有希望。我的目的萌生了那一热情。通过教练服务、发表演讲、写书和教育，我努力把希望和积极改变的工具带给其他人，帮助他们在当下过上更好的生活和实现艰巨的目标，给他们的人生带来最大的影响和改观。

因此，找到激情，可能着实让人惊喜，而且可能是经历了创伤的结果。艾米·格雷切尔（Amy Gleicher）是这方面的另一个例子，她在举步维艰的条件下努力生存，并且找到了她对事业的热情。格雷切尔的丈夫名叫沃伦，在和格雷切尔结婚前，沃伦和妻子生了两个儿子，后来，沃伦的妻子因车祸不幸罹难，留下的两个儿子——乔恩和亚当。格雷切尔和沃伦结婚后，不但把这两个孩子带在身边，还生了最小的儿子马克斯，但不幸的是，马克斯患有脆性 X 染色体综合征，这种病症将导致孩子智障、行为能力困难和学习障碍。如今，格雷切尔回忆说："我问过医生，我儿子有没有可能上大学或结婚，医生说'没有可能'。"到马克斯 5 岁时，格雷切尔既感到疲惫，又倍觉孤独，她的生活就像一个关于为母之道的速成班，所有这些，换作其他大多数人，可能会被消磨得斗志全无，对生活的激情也随之消失无踪。但格雷切尔并没有崩溃，而是竭尽全力更加坚毅地面对各种困难，努力使马克斯和他两个哥哥都能过上最好的生活。

格雷切尔明白，乔恩和亚当在失去亲生母亲后，急需学会怎样回归稳定和正常的生活，而她努力顺应这一需要，悉心照料这两个孩子。同时，她不愿面对这样一个事实：她和丈夫无法给小儿子马克斯提供全天候的支持，但她儿子的情况，又离不开这样的支持。经过多年的研究和为马克斯孜孜不倦地呼吁，她终于给儿子在 Heartbeet 社区找到了一个难得的、令人羡慕的地方。这个社区位于佛蒙特州的一个农场内，为像马克斯这样的人提供住所，在那里，他们可以过着自己有目的和有意义的生活，身边全都是能给他们应得的照顾的人们。格雷切尔说，她对马克斯带给她的生活经历充满感激，并且相信，为了当好一位称职的母亲，她觉得自己充溢着热情与坚毅，这使得她的生活丰富而有意义。她说："每个人都有可能变为战士。我的这些孩子们将我变成了战士，正因为如此，我成了一个更出色的人。"

强迫性的热情 vs 和谐性的热情

鲍勃·瓦勒朗是全世界研究热情这个主题的杰出专家。有一次我和他见面交谈，我感到他身上散发出巨大的能量。他和我直接进行眼神交流，身子微微前倾，热情洋溢地谈起在他自己称为的"和谐性的"和"强迫性的"热情主题上的研究成果。瓦勒朗曾经是一位篮球运动员，渴望进入顶级联赛打球，因此，他喜欢谈论体育，以例证和谐性的与强迫性的热情的差别。他说，积极的热情将让你更幸福、更睿智、更愿意为社会做贡献（和谐性的），而另一种热情则使你沉思，削弱你的活力，并且让你忽略生活中其他的重要方面（强迫性的）。和谐性的热情是你期待的，以积极的方式填满你的梦想的热情，而强迫性的热情的标志是侵入性的想法和难以控制做这样事情的冲动。想一想这两种伴侣之间的区别：第一种情况是你的伴侣尊重你、对你很好，并且不带附加条件地为你付出；第二种情况是你的伴侣猜疑心和控制欲很强，并且对你总是索取多于付出。

瓦勒朗解释道："瞧瞧比尔·布拉德利（Bill Bradley）。他对篮球充满了热情，在美国职业篮球联赛的纽约尼克斯队司职得分后卫，拿过两次总冠军，但他从不停止在其他领域的发展。他还是位罗德学者[⊖]，后来出任参议员。比尔从来就不单单是一位篮球运动员，他还探索了其他方面的热情，比如在牛津大学攻读政治学硕士学位，还为一支意大利球队效力并夺得欧洲篮球联赛冠军。这为他在政界开辟第二份职业生涯打开了大门。"瓦勒朗还列举了另一些拥有和谐性的热情的例子，那些人有的把时间投入到公益事业中（如无国界医生组织），有的经历过艰难困苦之后能够从更好的视角来看待人生。

相反，心怀强迫性的热情的人们则反复思考他们不能做的事情，无法将他们的热情与这些事情脱离开来。瓦勒朗列举了一些怀着强迫性的热情的一流运动员的例子，正因为他们具有强迫性的热情，所以无法在运动生涯结束后继续好好生活下去。此外，

⊖ 罗德奖学金是一个世界级的奖学金，已有超过 100 年的历史，有"全球本科生诺贝尔奖"的美誉，得奖者被称为"罗德学者"。奖学金评审于每年 11 月在 13 个国家进行，选取 80 名全球 25 岁以下最优秀的青年去英国牛津大学攻读硕士或博士学位。罗德学者也被视为全球学术界最高的荣誉之一。——译者注

这也是许多大学生运动员在参与竞争时普遍感到痛苦和焦虑的原因。人们对他们的天才与能力持续不断地测量和评估，超出了他们中许多人能够承受的地步，尤其是当他们的自我意识与赛场上的表现紧密联系时。他们不具备成长的心态，因此无法坚毅地应对并成功地渡过竞技状态停滞不前的时期或自己经常受伤的时期。当他们的运动生涯结束时，有的人也许会陷入困境，并且持续好几年，难以找到某件能让自己像当运动员时体验到的积极与自信的事情来做，这也正是他们很难提升自我价值和自信的原因。美国橄榄球联赛等一些职业联赛已经意识到这个问题，鼓励球员为退役后的生活提前做好规划，也就是说，花时间学习新的技能并培育新的爱好，使得他们更容易从充满强迫性的热情的生活过渡到可能失去热情的生活中。

两种热情

研究发现，和谐性的热情增强生活的幸福感，而强迫性的热情减小生活的幸福感，和这些研究成果相一致的是，《积极心理学杂志》发表的一项新的研究发现，拥有两种和谐性的热情，实际上比只拥有一种更好。本杰明·舍伦贝格（Benjamin Schellenberg）和丹尼尔·拜里斯（Daniel Bailis）询问了1000余名大学本科生最喜欢从事的活动，结果，拥有两种和谐性的热情的学生，在幸福与快乐的得分上高于那些要么只拥有一种和谐性的热情，要么根本没有和谐性的热情的学生，这表明，在两项积极的活动中寻找到乐趣，往往会产生叠加的好处。家中有两个或两个以上孩子的父母们往往知道，为什么第二个或第三个孩子的到来，似乎绝不会减少你们对第一个或前两个孩子的爱；你只觉得自己有更多的爱来献给他们。

从强迫性的热情转变为和谐性的热情

传奇游泳运动员迈克尔·菲尔普斯年幼时就拥有一种令人忧伤的强迫性的热情（在游泳方面充满热情并一心只想取得胜利），直到他二十来岁时。年少成名之后，他的生活并非一帆风顺。2012 年奥运会后，他患上抑郁症，沉迷于吸食大麻和酗酒，这使得他因醉酒驾驶而被警察逮捕，从而在情绪上一落千丈，不得不进入一家康复中心。和许许多多类似的故事一样，菲尔普斯触及人生的谷底之后，开始诚实地审视自己的心魔以及他想继续游泳的内在动力，然后宣布复出。此举拯救了他的人生，也重新点燃了他的使命感。一度驱使他产生自杀想法的这种强迫性的热情，转变成了和谐性的热情，使他能够愉快地放弃毒品与酒精，重新点燃对体育运动的原始的爱。结果，他成为历史上第一位在 31 岁的年纪就五度参加奥运会的运动员。随后，他巩固了自己的运动传奇，在里约热内卢奥运会上给自己的整个运动生涯再添 5 枚金牌和 1 枚银牌，成为有史以来夺得奥运金牌最多的运动员。他总共夺得 28 块奥运奖牌，其中有 23 块金牌。菲尔普斯对赢得比赛的热情，逐步演变成在自己喜爱的运动中不断拓展新界限的热情，而且，他并没有抱怨每天要做的那些苦差事（正是这些苦差事，最终使他得以高调地结束游泳生涯），而是苦中作乐，努力发现它们怎样鼓舞众多的其他运动员继续游下去。如今，他这种给运动员带去的精神鼓舞，被称为“菲尔普斯效应”。

什么是无热情

热情是你早晨醒来后一心想着要做的事情，也是你期望表达的事情。“兴趣”则完全不同。我经常发现，我的有些客户在“坚毅量表”上得分较低、常常对自己没有实现的目标后悔不已，他们尽管拥有许多兴趣，但他们没有将其中的某种兴趣转变成真正的热情。他们乐于探索新的点子，也是一些新事物的早期接受者，但说到把事情有始有终地做完时，总是缺乏必要的恒心坚持下去。这些人有的是因为他们注意力跨度较短；有的则由于他们确实善于接受新事物，需要永不止步地朝前迈进；还有的则是因为我们人类天生就在刚刚接触新事物时充满热情，但他们没能将那种热情一直保持下去。事实上，有人做过一个实验来比较五部视频教学系列片的收视情况，这些教学片要持续播放一个月。结果发现，在第一天的教学结束后，这些视频的收视率就下降了一半，等到最后一部视频播放时，收视率已不及 10%。[2]

如果你认为自己有兴趣而无热情，考虑选择一件你有着较强兴趣的事情，把它做得比平时更多一些。有时候，如果你发现某件事情深深扎根心底并且让你心跳加速，你得让自己完全沉浸其中。如果你涉猎某种乐器，但没有参加培训班，那就先去报名参加，并坚持几个月不放弃。如果你对某种特定类型的学习感到着迷，在网上报名参加该课程，一直学完。你的孩子也许必须熟练掌握了单调乏味的基础知识之后，才能对某件事情产生热情（例如下象棋、弹钢琴、背诵乘法口诀表等），我们大人也一样，必须经历早期的探索阶段，以发现某件事情是不是真的让我们倍受鼓舞，而且让我们自己对那些帮助我们做那件事情的人们负起责任，才会对它产生真正的热情。

我们试着将兴趣转变成爱好，还有另一个原因：假如我们拥有太多的兴趣，但对它们都没有强烈的热情，就好比跟许多人约会但一直没有结婚，也好比没能从与某个人的长期的固定伴侣关系中找到激情。当你总是敞开胸怀，广泛涉猎诸多事情，实际上对它们付出了太多的精力，于是再没有更多的精力集中在任何一件事情上。《怪诞行为学》(*Predictably Irrational*) 一书的作者、心理学家丹·艾瑞里（Dan Ariely）曾说，麻省理工学院开展的一些研究发现，人们讨厌对未来的选择"关上大门"，即使那些选择不可能取得成功，也不愿意放弃。但最终的结果是，我们投入到真正重要的事情上的时间和精力都变少了。因此，艾瑞里建议，人们要集中精力到少数一些最为重要的、能产生最大的情感回报的选择上。日本家政专家近藤麻理惠（Marie Kondo）也表达了同样的意思，鼓励那些家里塞满了杂物的人们舍得扔掉那些不能"激发愉悦"的东西。[3] 如果有的东西激发不了愉悦，那么应当把它扔掉、捐赠给别人，或者清除出去，因为它会以不易察觉的方式使我们的效率下降。

驱动使命的热情

你观察具有真正坚毅品质的人们越多，便越容易发现，热情是理解某个人生活目标的重要部分。以韦恩·帕赛尔（Wayne Pacelle）为例，他是一位来自华盛顿特区的说客，把自己的热情始终放在动物上。这种热情指引他确定自己的人生目标：阻止人类虐待动物。帕赛尔早年从耶鲁大学毕业，年轻时就采用素食主义者的生活方式，一直坚持了30年，同时，只要他见到动物被人类剥削和利用，不论在哪儿，都不遗余力地帮助动物摆脱困境。他曾带头与海洋世界的负责人协商，要求后者逐渐停止向观众展示虎鲸的繁殖过程；设法让宠物大卖场（PetSmart）和宠物超市（Petco）停止出售从幼犬繁殖场出来的幼犬；阻止玲玲马戏团及巴纳姆和贝利马戏团继续进行大象表演；并且力促美国国家卫生研究院在医学实验中停止使用黑猩猩。

不过，若是帕赛尔不具备真正的坚毅品质，并且放弃了他的某些最宏大的目标，就不会取得自己人生中最大的成功。多年来，他一直在和美国最大的猪肉消费公司、购买了美国七分之一生猪的麦当劳接触，但始终没有取得进展。一天，帕赛尔接到亿万富翁卡尔·伊坎（Carl Icahn）打来的电话，后者问他自己能帮些什么忙。帕赛尔向伊坎描述了商业养殖农场内的生猪受到的不人道待遇。原来，在这些农场，养殖户为了防止生猪四处乱窜，将它们长年关在板条箱中，令它们烦躁不已，于是它们使劲啃那些板条，导致牙齿断裂、头破血流。伊坎听到这番描述后，积极行动起来，“毫不费力地”找到麦当劳公司首席执行官，要求该公司接待帕赛尔，并且让他证明自己的主张有道理。经过艰苦的交涉，麦当劳终于同意不再从使用板条箱的农场购买生猪，这一举动导致其他60家食品供应公司纷纷效仿，包括汉堡王、温迪餐厅和小卡尔汉堡连锁店等，同时也为全球最大的食品销售商沃尔玛的改革奠定了基础。自此以后，沃尔玛对其供应商采用了新的指导原则，要求供应商也对生猪采取人性化的政策。[4]

如果你感到毫无热情，怎么办

有时候，人们之所以寻求我的帮助，是因为对生活失去了热情，不论做什么事，他们都感到自己没有了激情。在工作、育儿、应对生活中的失落等过程中，他们已经找不到曾让他们奋起的东西了。他们有时早早地进入了特定的轨道，因为他们觉得自己必须做一个事业上的选择，他们选择了稳定，而不是选择追随自己的热情。

年轻女孩安琪莉可（Angelique）就是这种情况，她曾打电话给我，请求我为她提供教练服务，因为她比许多人都更早地意识到，自己大学毕业后选择了一条错误的职业道路，而且她想趁早做出改变，以免为时已晚。安琪莉可找了一份会计师的工作，因为在她长大的过程中，她母亲反复告诫她，如果在找工作时冒险或是按照她内心的热情去找，可能会让她付不起水费、电费、房租等各类账单，也无法为她将来的生活做准备。结果，安琪莉可听从了母亲的话，但她感觉自己在过着母亲的生活，而不是自己想要的生活，同时，她想弄清楚，自己理想中的最好的人生是什么样的。

我问安琪莉可，她年轻时是怎么度过自己的闲暇时光的，她回忆自己小时候照顾充气动物玩具和宠物，以及在卧室里装模作样地开了一间兽医诊所。此外，在读高中时，她还在当地的消防队志愿担当紧急救援人员，后来进入大学，才把她所有的注意力集中到为自己创造“稳定的”将来。在大学里，安琪莉可不情愿地选择了会计学作为主修课，而且，因为她对待学习总是认真尽责并取得优异成绩，她在一家顶尖的会计师事务所谋得了一份工作，甚至第一次考试便取得了注册会计师的资格。但安琪莉可感到，自己每天起床、上班，好比穿上戏服在台上演戏。她并不感到充满生机和活力，而是觉得没有和谐性的热情，甚至连强迫性的热情也没有。她没有热情，这让她感到恐惧。但当我们开始谈论她照顾别人时的愉悦心情时，我开始探索她的内心世界，并抛出一些想法，看看她会有什么反应。

我说：“你擅长自我调节和坚持不懈，这可能是你不论做什么都有始有终的原因，不管那件事情适不适合你。但是，如果你把同样这些优势用来完成某件真正艰难的事情，并且这件事情涉及照顾他人，会怎么样？”

电话那头陷入了沉默。我已习惯了这样。当你触及人们内心的痛处，让他们终于找到了自己一直压抑在心底的热情时，他们往往感觉你在他们的肚子上猛打了一拳。出于恐惧，他们已经十分习惯了压抑自己的感受，以至于当我们把注意力集中在某件重要的事情上时，会让他们一时语塞，陷入沉默。

最后，她终于打破沉默：“您的意思是，比如去护理学院念书吗？”

“或者医学院也可以啊，”我回答，“你还年轻。为什么不呢？”

从那一刻开始，一切都迎刃而解了。安琪莉可从原来的胸中没有热情，发展到一心只想着上护理学院。她告诉自己的男友，说她打算报考一系列与自己的需要相符的学校，并说打算追寻自己的梦想，而不是在他创业时跟着他到全国各地奔波。安琪莉可与男友的关系曾经经历过一段艰难时期，但现在，她的男友追随她到波士顿的护理学院念书。我最近听说她的消息时，她和男友结婚了，并且对自己的工作充满喜悦，一有时间，她会参加“无国界护士”的活动，到世界上需要她的技能的地方去当志愿者。

安琪莉可的故事具有指导性意义，因为尽管她刚开始觉得生活没有乐趣，但内心仍然深埋着一股热情，只是需要别人的鼓励，那股热情才迸发出来。重新发掘了她的热情后，她便能够“看见”最好的自我，并且和最支持她的朋友与家人进行一番分析，最终做出了改变人生的决定，同时还精心设定了目标，在此过程中，她虽说冒了一定的风险，但也培育了坚毅的品质。安琪莉可设定的目标并不容易，但她从直觉上知道，如果她不在自己生儿育女之前尽最大的努力去追寻艰难的目标，将来她会后悔的。结果，她与男友关系的改变、她新发现的快乐与自信，以及她感到自己要给这个世界提供更多的价值等，所有这些，都让她的人生变得更加美好，使她明确了生活的目标，向她展示了追逐自己梦想的力量，即使这些梦想并不是一下子就能实现。

练习

问你自己的问题

我只是提一个问题，便让安琪莉可重新开始追逐她从小就喜欢的梦想，同样，假如你不确定怎样寻求你自己人生的热情与目的，也可以问自己一些问题。试一试吧。花些时间仔细思考它们，并把你的答案写下来，甚至可以和支持你的家人和朋友谈一谈，他们有可能和你一块开展头脑风暴式的讨论。

- 什么样的活动、什么样的人或者哪些地方往往给你激情澎湃的感觉？
- 还记得我在第3章中向你介绍过的优势行动价值问卷吗？当你在运用自己最重要的优势给自己带来幸福快乐，或者给别人增添幸福感时，你在做些什么？
- 你喜欢怎样度过自己的空余时间？
- 如果你为自己设计好完美的一天，你会做些什么，并且和谁一块做？
- 你一般自愿参与哪些对你来说最为重要的事业？而且，这项事业对你来说重要的地方在哪里？
- 如果你可以成为一位超级英雄，你希望自己拥有什么样的超能力，以及你会用那种超能力来做什么？
- 如果你不会失败，你希望自己做些什么事情，或者更多地做这种事情？为什么？
- 如果人们将你描述为美国有线电视新闻网《英雄》栏目中的英雄，或者受到美国全国广播公司《让世界因我不同》栏目的详细报道，那么，你希望自己可以做出哪种类型的贡献，从而让世界因你而不同？为什么？
- 你喜欢在电脑上研究些什么？
- 人们赞扬你哪些方面？
- 你在做什么的时候觉得很有趣？

练习

我是什么样的人

优势行动价值问卷的共同开发者克里斯·彼得森指出，辨别我们的优势，还有一种同样宝贵的方法，那就是想一想我们最喜欢的人物，包括历史人物和来自舞台、荧屏、文学、漫画书、商业广告以及其他任何地方的人物。不论这个人来自哪里，也无论他是虚构的还是真实的，都让我们深深着迷。试一试这种方法，把浮现在你脑海中的人物以及你想到的他们的优点写下来。例如，若是你想到了玛丽·波平斯（Mary Poppins），你可能发现她“具有创造力”或者“热情似火”；如果是著名历史人物，如圣雄甘地，你可能发现他的“耐心”或者“谦卑”。想出了一些不同的人物以及他们的个性特点之后，把你自己如何体现他们身上的那些优势写下来，并且把你在那些优势的帮助下展现自己的“最佳状态”的时刻也记录下来。

第 9 章

chapter9

追求幸福

在读了一篇详尽的研究论文后，我觉得自己仿佛进入了平行宇宙。那篇论文的题目是《频繁的积极情绪的益处》（The Benefits of Frequent Positive Affect），其作者是积极心理学的三位泰斗——爱德·迪纳（Ed Diener）、劳拉·金（Laura King）和索尼娅·柳博米尔斯基（Sonja Lyubomirsky）。那是2005年秋天，我当时在宾夕法尼亚大学攻读积极心理学硕士学位。我阅读了大量研究报告，它们帮助我准确理解是什么让我们的人生更加丰盈和成功。不过，刚刚提到的这篇论文是一篇难得的好文章，它颠覆了我以前所有的思考。

这是我阅读过的最为鞭辟入里、最令人印象深刻的一篇研究，在论文中，三位研究者解析并综述了数百份关于成功人生的研究，得出的结果与我和其他许多人曾经误以为真的论断恰恰相反。他们发现，我们并不因在某方面取得成功而幸福，而我们成功恰恰是因为我们本来就幸福。他们围绕友谊、健康、财务、工作以及生活中其他各方面的成功展开研究，全面概括了这些纵向的、质性的、相关的和因果的研究成果，这些概括让我总算懂得，为什么我年轻时尽管实现了一些外在目标，却从来没有长时间感到幸福，反而比以前更加空虚。成绩、奖励、好的学校、得分、以及适当的体重等，从未给我带来设想中长久的满足，而如今，我终于知道为什么了。假如我在自己暴食症最严重的时候看到了这些研究成果，也许会用不同的方法来对待饮食与健康，不至于给自己带来如此大的伤害。

从我看到那项研究以及其他研究的报告，并且了解到情绪丰盈对我们创造更美好生活的强大影响的那一刻起，我便确立了一项使命：要让那些在人生各方面设立并追求目标的人们知道，理解关注自身幸福感的重要性，这是朝着任何的改变或成功迈进的第一步。如果有人聘请我帮他在追求艰难目标的过程中变得更加坚毅，而我却不告诉他这些研究成果的重要性，那我就显得非常不专业。事实是，不论设立什么类型的目标，都必须关注这个基本事实：如果我们首先鼓舞我们自己奋起追求最幸福、最出色的自我，便极大地提高了实现目标的概率，特别是需要坚毅的品质去追求的那些艰难目标。

PERMA 五要素

我开始攻读积极心理学硕士学位时，马丁·塞利格曼关于幸福感的理论指出，幸福感包含感到快乐、积极参与生活以及过着有意义的生活。在接下来的数年里，随着越来越多的研究成果问世，加上越来越多的人讨论这个话题，马丁·塞利格曼解释了他对“十分值得的人生”的思考。如今，人们一般的理解是，过着丰富多彩的美好生活的人们（并不是说这种生活中没有负面因素，而是说它强化了正面因素），有几个不同但相互交织的要素，它们构成了一个缩写词 PERMA，其中 P 代表积极情绪（Positive Emotions），E 代表投入（Engagement），R 代表人际关系（Relationships），M 代表意义（Meaning），A 代表成就（Achievements）。要将幸福感提升到理想水平，就要关注 PERMA 五要素的各个组成部分如何被触发，并且注意你可以做些什么来为目标的追求、热情的滋生以及坚毅的培育创造最佳条件。

积极情绪

芭芭拉·弗雷德里克森（Barbara Fredrickson）是积极心理学研究领域的杰出研究者之一。她提出的简单的问题“积极情绪有什么好处”，催生了一套被称为“扩展和建构”的重要理论。她在一项已经获奖的研究中发现，当人们体验积极情绪时，比如愉悦、满足、敬畏、自豪、爱，等等，会发生许多有利于人类这个物种延续下去的事情，包括这样一个事实：我们扩展了对自身环境的认知，对别人更感到好奇，这反过来有助于构建人际关系。幸福的“微小时刻”（例如，停车时找到了合适停车位时我们感受到的快乐、由于某种令人兴奋的经历而感到敬畏、孩子平生第一次做好了某件事情时我们内心充满了自豪感，或者当我们尽最大的努力使得某件重要事情得以发生时的成就感，等等）累加在一起，创造了一系列的积极性。弗雷德里克森和其他研究者发现，若是我们体验到的积极情绪是消极情绪的五倍之多，那我们的人生将有更大的可能变得丰富多彩、积极主动、心怀使命、并且激情澎湃。

做到这一点，可以采用两种方式：要么通过你的行动与思考来刻意地创造积极情绪和微小的积极时刻，要么在美好的事情正在发生时让自己停下脚步并注意到它们的发生。不幸福的人和幸福的人一样，身边都有许多积极的事情发生，但两者的差别是，幸福的人有意识地在美好事情发生时欢迎这些时刻，不让它们匆匆溜走。有人说，不幸福的人甚至不会注意到，他们进门的时候有人正在替他们扶着门，因此，当你身边正在出现一些美好的事情时，不要错过了欢迎并欣赏它们的机会。

投入

快乐的人们会投入到生活的各种活动中去，并且不会经常像不快乐的人那样感到厌倦或沮丧。他们通常参与某些艰难的、自己感兴趣的事情，这使得他们进入一种“心流”的状态，觉得时间仿佛停止了。无论什么时候，只要我们在做某件事情时没有注意到身边发生了什么，或者我们觉得时光飞逝，以至于我们不相信一整天很快就过完了，那么，我们便是在做积极的事情，有助于提升我们的幸福感，同时使我们自己变得更好。

我们理应感受到日子飞快掠过的地方，通常是我们的工作场所，因为大部分人要花大量的时间来工作，并且在这段时间远离家人和朋友。因此，如果你没有全身心地投入自己的工作，这种情况可能会把你拖垮。事实上，许多上班族并没有把心思放在工作上，这将预示着生产效率低下、情绪低落、跳槽率高等现象，每每遇到这种情况，各组织聘请咨询师来解决这个问题。与这种不全身心投入工作的现象斗争的一种有望成功的方法是“工作形塑”，这是密歇根大学罗斯商学院的贾斯汀·伯格（Justin Berg）、简·达顿（Jane Dutton）和艾米·瑞泽斯尼夫斯（Amy Wrzesniewski）三人联合创造的一种练习。当我们可以更直接地在工作中（以及我们的个人生活中）运用最重要的优势时，便会体验到更强的投入感。此外，我们还可以将我们的目标与正在做的事情协调一致来提升投入感。

人际关系

在对幸福的研究中，最有力的研究成果之一是：如果某人没能与他人建立高质量的人际关系，便不能认为是具有丰盈生活的人。数十年来负责哈佛格兰特研究的医学博士乔治·维兰特（George Vaillant）发现，在生命后半段，在情感上蓬勃发展的人，会在生活中与家人和朋友构建并保持积极的关系。因此，维兰特总结道：“幸福就是爱。句号。”我之前提到的我的导师，也是积极心理学研究的先驱者之一的克里斯·彼得森经常说，对幸福的每一次研究，其结果可以归结为一句话："他人很重要。"[1]坚毅的人们保持热情并坚持不懈，通常是因为他们在自己身边建立并保留了一个团队，而且，他们不仅接受其他人的支持，而且还支持其他人。如果你想幸福和坚毅，PERMA 五要素中的这个要素，再怎么强调都不为过。

意义

幸福的人们不只是生活得快乐或者积极投入生活。他们还觉得人生有意义，并且怀着让世界变得更美好的更高目标。人生的意义有很多种形式。它可能来自于对自己孩子的爱、为他人突破障碍、拥有一项他人急需的技能并为他人服务，或者是给他人带去希望。有意义的人生充溢着热情，因此，坚毅地追求值得的目标，是使你的人生变得更加丰富多彩、兴旺繁荣的重要部分。

成就

有些人不太赞同这样的观点：成就是丰盈人生的一部分，但这通常是因为他们对成就产生了错误的认识。在 PREMA 五要素中，成就并不是关于胜利或者夺得第一名；相反，它关于实现有意义的、有使命感的目标。研究发现，人们希望做些事情，而不是什么事都不做，对此，自我决定理论指出，要实现成功，必须让人们感觉对自己身边的环境能够熟练掌控、游刃有余。然而，并非所有成就都能带给人们幸福。追求一些体现了肤浅渴望的外在目标（比如金钱和名誉），或者以别人梦想的目标为自己的追求，并不会给人们带来满足的成就感或幸福感。研究还发现，最幸福的人们每天醒来后都致力于实现明确而艰难的目标，这些目标超出了他们的舒适区，不但产生最佳的结果，而且还可以带来最高水平的自尊感和自我效能感。

幸福感点燃坚毅的其他方式

情绪上的丰盈还能以许多其他方式使人们变得更加坚毅，其中一种方式是让你更能应对身体的疼痛。为了瓦解囚犯的意志，使酷刑变得更有效，用刑者还充分利用亲密关系的重要性，告诉囚犯说，没有人关心他们或者打算拯救他们。因此而导致的这种被抛弃的感觉，往往加剧了肉体折磨的疼痛。积极的情绪有助于人们忍受折磨。出于我们的目标，你越是创造更大的幸福感，便越容易应对身体上和情绪上的挑战，这些挑战会在你需要表现得坚毅时出现。

新的研究还发现，焦虑和压抑可能使人们拖延，因为当我们的大脑被不幸福感所主导时，我们更容易放弃。应对这种情形的一种最好方式是“时间旅行”，想象我们已经实现了某个重要目标——而不是只盯着你眼前的工作不放。该研究发现，通过想象目标已经实现来产生积极情绪，可以改善人们的心情，使他们着手去做或坚持完成艰巨的任务。[2]

明智的干预

我进入积极心理学这一领域时，该领域萌芽阶段的一个分支称为“积极干预”，是指辨别可以提升某个人情绪丰盈程度的行动。那时，对大多数人来说，已被证明有效的干预措施的列表并不长，但十年后，几十个国家在这方面产生了数千份研究成果，致力于研究提升我们的幸福感的因素。如今，这个分支的一个受欢迎的术语是“明智的干预”，因为这些行为需要符合人们的优势、才干和兴趣。例如，像我这样高度热情和勇敢的人，总是格外喜欢体育运动和接触新鲜事物，而自我调节和批判性思考方面表现突出的人，可能更适应冥想之类的干预措施。

下面，我将列举几个方面的明智干预，它们拥有最可靠的研究支持，对于任何想要提升幸福感、生活满意度以及未来前景的人们来说，应当考虑这些方面。人们发现，某人第一次对某种干预措施的反应，可以预见那一干预行动对他们是否长期有效，因此，把你在体验这些干预措施时感受到的情绪记下来，然后将这些干预措施相应地融入你的生活中去，以便那些积极的情绪帮助你增强你的坚毅。

运用优势。我的新客户之所以接受优势行动价值问卷，一个原因是他们发现，识别我们最重要的优势，可以提升我们的幸福感。如果你一方面辨别你的优势，另一方面挑战自己，让自己以新的和创造性的方式来运用那些优势，以便实现目标并且和他人互动——以及围绕如何有效地采用这些方式方法而开展头脑风暴的讨论，那么，你可以更好地增强你的精力，提升你的幸福感，而且这种影响，有时可以持续一年时间。一些研究发现，教一群人将性格优势与从事严格的体育活动结合起来，既可以使个人的自我意识进一步增强，也能使他们更了解他人的优势。基于优势的干预措施，还能有效地提高生活满意度。

表达感恩。另一种得到有效证明的提升幸福感的方法是练习感恩。感恩是与情绪丰盈相关联的最重要的性格优势之一，也是在积极心理学领域中公开发表最多的研究成果之一，这使得不论你走到哪里，都能买到大量的感恩日记。注意到你对什么事情充满感激，的确是一项有益的活动，而一种稍稍更细致和更强大的练习感恩的方式是列举你每天对什么事情感恩，以及为什么那件事情会在你的生活中出现。当你将感恩与你自己积极主动的行为联系起来时，更容易看到你自己怎样在生活中产生更多积极的、充满幸福感的微小时刻。另一种受欢迎的练习感恩的方式是“感恩拜访”，也就是说，你给某个自己从未适当表示过感谢的人写封感谢信，然后直接送到那个人手中。更多关于感恩的研究发现，反思我们过去遇到过的挑战，并且怀着感恩的心态来重新审视它们，可以有效地增强幸福感、减轻抑郁情绪，并且结束那些艰难困苦的体验。

写日记。数十年来，詹姆斯·彭尼贝克（James Pennebaker）一直在研究把某人的想法与感觉写下来的影响，他发现，写日记、写书面提示，以及进行类似的练习，可以给生活带来许多积极的体验。这些做法增加了幸福感，改善了免疫系统功能，帮助人们寻找人生的意义，还有许多其他的好处。最新的一项研究发现，写博客也可以获得类似的好结果，其原因也许是，从别人那里获得反馈，可能是一种获得认可的经历。学会怎样以新的积极的方式来叙述你的人生故事，而不是总跟自己讲述同样的限制性的故事，也可能有一种变革的效应。甚至有一项研究还表明，手写的日记比起在电脑键盘上输入的日记更好，因为在手写日记的过程中，大脑的部分区域也牵涉其中。有意思的是，研究者在要求人们写下某些积极情绪时发现，和研究中的控制组[⊖]相比较，还与幸福感的提升以及疾病的减轻相关。

提升灵性。许多不同方向的研究发现，灵性的感觉增强了人们对生活的积极性，只要那些信念不会与某些狭隘的宗教活动联系起来。具体而言，相信你的信仰是唯一“正确的”方式，与更大的心理压力以及更多的消极情绪相关联，然而，将你的信仰作为一种积极的应对工具，不对其他的精神学说加以评判，则与更强的幸福感相关联。大部分的研究已经着眼于观察，由于社会交往，这种基于信仰的集会还可以怎样提供保护效应，这通常包括感恩的行为和利他主义行为。

寻求教练服务。聘请那些使用实证的工具且受过培训的教练，也可以增强幸福感。澳大利亚一些研究者的研究发现，重点关注解决方案的教练们与个人和团体围绕目标实现进行 3 至 20 次的见面交谈有助于人们增强希望、变得更坚强、提升幸福感，还有利于减轻他们的抑郁情绪。重点关注个人转型以及领导能力培养的执行教练，也可以使人们进一步达成目标、增强抗逆力、提高职场的幸福感，同时减少对工作不太投入的情况并减轻心理压力。

⊖ 此处指实验中不写下积极情绪的组。——译者注

从总体上讲，教练服务的干预方法在各类团队中都获得了成功，从高中学生的团队到高级管理人员团队，教练都能够帮助他们取得更大的成就，使工作与学习更加丰富多彩，并且减少消极行为。

心怀希望。心中没有希望的人们通常没有目标，也停下了创造更美好生活的步伐，因此，心怀希望是情绪丰盈、抗逆力强和为实现目标而奋斗的重要标志。希望和乐观常常在研究中同时出现，因为一般而言，两者都涉及把某人的生活看成是成功的、幸福的，而把整个世界看成是可以做到成功与追求幸福的地方。研究发现，增强希望感可以改变思考方式，这使得人们能够找到更多可能实现目标的路径，也让人们相信，他们可以执行那些解决方案。心中怀着很高希望的人们往往在追求目标时坚持更长时间、获得更好的结果，并且以更加灵活的方式应对压力。

锻炼身体。运动是改善心情的最自然的方式之一。锻炼增强了身体活力，长期以来，人们发现体育锻炼是清醒头脑，促进体内氧气与血液循环，使身体变得更强壮、更健康的最佳方式，不过，我们没能充分利用它的自然的好处。事实上，和上一代的美国孩子相比，如今的美国孩子在户外运动的时间减少了一半，而且常常花多达 8 个小时的时间来看电视或者使用某种类型的屏幕[⊖]。长久以来，健身活动家积极呼吁青少年及更多的成年人加入锻炼身体的队伍，而积极心理学的研究发现，体育锻炼还对大脑有着强大的效应，能够减轻焦虑、抑郁和绝望感，同时提升精力、自我效能和幸福感。

⊖ 比如手机、平板电脑等。——译者注

一些研究指出，间歇训练法很有价值，这种训练法包括在短时间内将某人的心率提至最高水平，再回到活力较低的训练水平，循环往复多次。这类训练不但能迅速而有效地增进健康，还能更长时间改善人们的心情。另一项研究发现，将身体锻炼与户外活动结合起来，能在 20 分钟内提升活力，并降低人们的焦虑与抑郁。此外，户外徒步旅行可以增强心理的专注度、创造力、记忆力和自信心。将冥想与有氧运动结合起来，是一种更好的锻炼方式，可以大幅度加快海马体中的新的脑细胞的生长速度，减少与抑郁相关联的反刍思维倾向，同时提升专注度和注意力。可以考虑各种形式的流瑜伽和力量瑜伽。

表现利他行为。“帮助者的快感”是当我们给予别人帮助时产生的感觉，大量的研究指出，当我们向别人伸出援手时，我们实际上从接受我们帮助的那个人身上获益更多。给予别人帮助，无论是付出我们的时间、金钱还是精力，可以使我们远离担忧，并促使我们用正确的视角来看待艰难困苦，特别是帮助比我们更加不幸的人们时。《给予与索取》（*Give and Take*）一书的作者亚当·格兰特（Adam Grant）在哈佛大学就读心理学专业本科时曾开展过一项革命性的筹款研究。他的研究表明，当捐款人听到受惠者表达的简短的感谢时，即使筹款活动组织者使用同一种销售脚本，捐款人也比平时多花 142% 的时间来听电话，并比平时多捐助 171% 的资金。[3] 我们在付出时，感受到更强大的动力、热情和投入感。此外，这种行为还可能创造一种良性循环。在国民的主观幸福感较高的州，人们更有可能向陌生人捐出肾脏，并由此产生更多的利他行为，产生了更强的幸福感。

进行冥想。我通常称冥想是干预的高招，因为多得出奇的研究表明，冥想对重塑大脑连接以及不计其数的其他正向结果产生积极影响。慈心禅冥想（即向你自己、你爱的人以及其他所有人散发积极的情绪）似乎对积极情绪的滋生、与他人关系的改善产生更加持久的结果，还可以比简单的正念练习更有效地减轻抑郁。针对冥想的一些最令人兴奋的研究表明，大脑中与自我调节和狂喜相关联的部位会发生一些特定的改变，而这些改变，会在每天进行简短的冥想练习并持续几个星期之后出现。如今，大量的 app 和网站帮助人们学习各种各样的冥想技巧，越来越多的静修与冥想课程遍及全球，它们也提供共享的学习与体验。特别有意思的是，一项于 2011 年开展的研究发现，连续八周进行冥想的人们，极大地改善了对大脑节律的控制，那有助于阻止疼痛——因此，当各种各样的艰难困苦使你想要退出和放弃时，假如你正苦苦寻找一种方法来帮助你学习怎样保持坚毅，冥想可能是一种绝好的干预。[4]

过去十年来，关于怎样以实证的方法来提升幸福感的研究出现了井喷，这些研究着重强调，提升了幸福感，也就直接有利于成功和效率提升。对那些希望变得更加坚毅的人们，了解人们主观的幸福感怎样转变成各种行为，是使得自己坚持不懈、热情勃发、心理上更加坚强的一个重要步骤。

练习

提升幸福感的更多方法

除了我在本章中描述的明智干预方法之外，这里还有几条别的建议，有助于你找到另外一些提升幸福感的方法。

- Happify 网站以及至善科学中心网站（Greater Good Science Center）等一些基于网络的平台提供并更新关于提升幸福感的大量文章、在线课程以及音频资料。它们涵盖广泛的主题，如利他主义、设定目标、培育坚毅、减轻压力、与消极思维斗争、积极的育儿，等等，而且全都是从实证的视角来观察的。去看看吧！网址是：Happify.com 和 Greatergood.berkeley.edu。
- 多吃水果和蔬菜，因为这不但能增进健康，而且能增强幸福感。研究人员发现，吃更多水果和蔬菜，可以预示更强的幸福感和生活满意度——事实上，研究还发现，这样做甚至可以产生更多积极的影响，比如，使失业者找到工作。[5]听起来怎么样？
- 多和与人为善的人们待在一起，例如，多参加志愿者服务。大学教授、心理学家乔纳森·海特（Jonathan Haidt）说，当我们看到或感受到令人惊叹的行为时，我们变得“倍感振奋”。这会让我们在内心体验到“惬意”和“温暖”的感觉，同时让我们自己更有可能展现一些亲社会的行为。[6]双赢的局面！
- 每周对某个人写张感谢的便条，例如，星期四写下“谢谢你，星期四”。表达感谢对幸福感产生巨大的影响，当你已经习以为常时，它自然能提升你的精神状态。
- 在你的日历上填写计划好的、和你喜欢的人一同做的活动，他们使你感到振奋、情绪高涨，并且给你带来满满的正能量。幸福的人们通常期待他们计划好的活动会使自己精神放松、开心大笑、追忆往事并且喜欢自己。因此，事先计划好这些被证明能够改善心情的活动吧。

练习

我不会为什么而后悔

关于后悔的研究发现，随着我们变老，假如我们对自己年轻时没有选择的道路以及没有冒过的险感到后悔的话，这种心态可能转变成一种有害的破坏性的心态，减弱了我们的热情、希望和为人生设定新目标的能力。事实上，受欢迎的《临终前的五大遗憾》（*The Top Five Regrets of the Dying*）一书指出，接受临终关怀的人们指出的第一大遗憾是没有过自己想过的生活，而是通过选择老套的、安全稳妥的道路来取悦他人。为了避免在我们自己的人生中出现这种可能的结果，我们可以首先来辨别假如不去做将来可能会让自己后悔和遗憾的事情。因此，马上花点儿时间，列举你到自己即将离开人世时会因为没去做而感到懊悔的五件事情。一旦你发现了这些事情，认真思考并描述你要做些什么，才能使自己不至于有那些遗憾。特别是，为了确保你在告别这个世界时，不至于嘴里含含糊糊地说着“我应该……”或者“我早该……”之类的话，你要做些什么？

第 10 章

chapter10

目标设定

几年前，《纽约时报》发表了一篇关于“谷歌X”的头版文章，所谓的“谷歌X”，是谷歌公司在某个秘密地点设置的一个秘密部门，其员工是谷歌能够召集起来的一些最具创造力且足智多谋的机器人专家和电气工程方面的天才。他们超级保密的使命是什么？解决一些看似不可能实现的目标，比如造一架通向月球的梯子、设计能够计算装盛的食物的热量的盘子，以及制造无人驾驶的汽车。他们的目标清单上有好几十个目标，人们可能称之为“几乎不可能的目标”。在关于“谷歌X”的文章推出七年后，其中的一些目标已经实现了，比如无人驾驶汽车。[1]

拥有真正的坚毅的人们，因设定艰难的目标而闻名，有的人可能说，他们的目标不切实际。如果目标容易实现，就无须调用坚毅的品质。由于坚毅的人不会追求容易的、用最少的精力就能轻松实现的目标，而是追求必须长时间持之以恒地努力工作才能见到成功一刻的目标，因此，他们对艰难目标的追求以及最终往往成功地实现这些目标，鼓舞着其他人也纷纷跨出舒适区。

在这里，我想马上指出，仅仅因为某个人的目标对他自己来说难以实现，并不意味着同样的目标对所有人来说都很难。事实是，你必须把自己逼到极致，来克服你在设立和追赶自己的坚毅目标时那些主要的困难。毕竟，假若某位工薪阶层的移民的目标是上大学，另一个家庭条件优越并且出身于书香门第的人也以上大学为目标，那么，这两人在实现同一个目标时，遇到的不会是同一种障碍；同样的道理，假如某个人的目标是换一个工作，觉得这个目标很难实现，但对另一个有着广泛人脉、并且在万一没找到新的工作也能有安全保障的人来说，换工作的目标并不难实现。

目标为什么如此重要

具有真正坚毅品质的人必定心怀目标，因为目标是“存放”他们自己的热情与精力的地方。没有目标，他们可能成为过度情绪化的人，他们迸发的精力永远无处安放，也无法鼓舞他人。但是，我们还要指出（而且这一点很重要）：研究者对目标的研究表明，目标对每个人都起着强大的作用，这也许是马丁·塞利格曼在他的“PERMA 五要素”理论中将“成就”作为其中的“A”的部分原因。他在《持续的幸福》(*Flourish*)一书中解释道，成就是幸福生活的重要组成部分，因为假如没有成就，我们不会对自己身处的环境或自己的人生感到掌控。他总结道，取得了杰出成就的人们，并不仅仅是为了获奖或出名而取得成就，而是因为，这种成就也是他们定义自己并寻找人生意义的一部分。

关于目标的研究发现，目标至少起到以下四个方面的关键作用：

- 目标既从认知上又从行为上将我们的注意力引导到重要的事情上。假如没有目标，没有任何明确的有组织的目的，那我们不论在哪里、无论什么时候，都会受到外界的影响，让我们难以充分利用一些机会来做些有意义的事情。正如老话所说："没有反馈的目标以及没有目标的反馈，同样都毫无意义。"如果我们不设定目标，好比我们的生命走到尽头时，没有一块记分板用来测评我们的进展、影响和努力。
- 目标激发人们，艰难的目标比容易的目标更能激发人们，也胜过没有目标。关于这种被激发的能量，还有这样一个事实：当人们设定和追求艰难的目标时，往往更加幸福，因为他们重视和珍惜来之不易的而非轻易得来的成果。
- 目标影响毅力，艰难的目标则由于需要付出更长时间的努力，影响尤为显著。这导致一个自然而然的结果：艰难的目标总是带来更优异的绩效，不论它们是指定的、自我设定的还是和他人一同设定的。

- **目标导致人们发现他自己的技能与资源，同时，目标还让人们清楚地知道其他与任务相关的策略以及需要获得的知识。**当我们的目标要求我们使用某种技能时，例如看懂罗盘，因为我们想开展一次具有挑战性的徒步旅行；制作Excel电子表格，为我们期望的财务状况做好计划；或者为获得潜水资格证而重温游泳的技能，等等。那么，我们在分析并运用我们的技能时，便会想起我们过去熟练掌握了的东西，于是强化了我们的信念，使我们认定自己能够做好更艰难的事情。

能够做到的“自我效能火车头”

《小火车头做到了》展示了所谓的自我效能。换句话讲，故事中的小火车头不知道她能不能实现目标，但她不停地尝试，并且怀着一种基本的信念，认定自己能够做到。这种相信自己具备实现眼前目标的条件的品质，就是自我效能。自我效能理论是斯坦福大学研究人员阿尔伯特·班杜拉（Albert Bandura）于20世纪80年代提出的，也是他对人类动机的研究成果的一部分，不但有助于我们理解为什么人们做他们正在做的事情，也帮助我们搞懂他们怎么做。

自我效能是培育坚毅必备的素质，原因有几个方面。首先，如果你具有自我效能，便更有可能设定艰难的目标；其次，这种性格特点还体现在那些情绪丰盈的人们身上，研究发现，它是人们赢得成功人生的一个条件；再次，具备高度自我效能的人们，往往更加专注地投入到他们的目标上，也更有可能从很高的目标开始，然后在成功之后转向更艰难的目标。

班杜拉发现，树立自我效能的方式有四种：[2]

- 拥有良好的应激反应，例如经常进行冥想或体育运动、能够运用幽默来改善心情并重新审视挑战，以及运用支持的人际关系，在艰难时期构建积极的、宽容的、主动的朋友圈子。
- 靠近已经实现了你想要实现的目标的某个人，或者树立类似的榜样，这个人展示了你想要学会的行为。
- 身边有一个坚信你的能力的重要他人——而且，由于你敬重并信任这个人，你也相信自己。这个人可能是精神导师、祖父母、老师、教练，或者你觉得在足够多的场合下发现了你的才华的其他任何人。
- 已经拥有了实现较小目标的熟练经验，从而为实现较大目标奠定了基础。这是树立自我效能的第四种方式，也是最为强大的方式，它着重强调了为什么树立了目标对我们的人生来说具有如此强大的力量。

另一种树立自我效能的方式是倾听令人鼓舞的信息，比如公司领导者、励志演说家以及充满智慧的老者的话语等。我亲眼看见过这种现象，当时，我的一位客户决定努力提升自己的领导技能。客户名叫瑞奇·哈里斯（Rich Harris），是 AddThis 公司的首席执行官，他聘请我帮助他以基于优势的积极方式来与他人沟通和联系。长期以来，他的工作绩效十分突出，也愿意去冒险改变自己的职业生涯，例如，他从法学院毕业后，觉得法律并不是适合自己的专业，进而放弃了这个领域。如今，瑞奇不但是一位足智多谋的企业家和商人，还是一位有竞争力的长距离自行车骑手，经常在群山之中长途骑行，以锻炼身体并磨砺意志。

我和瑞奇开始合作时，他并不觉得自己是一位充满激情、鼓舞人心的领导者，而且他意识到，假若他想为他的公司创造令人兴奋的机会，就需要在紧急的行动呼吁中，用自己的热情在情感上与员工们产生共鸣。瑞奇刚刚来到这家公司时，将员工队伍描述为"幸福的无知……他们工作很努力，但不必做出艰难的抉择，许多人因此认为他们自己很成功"。他解释说，他接手管理了一些很优秀的人，对这些人，他必须（有些是第一次）挑战他们，让他们确立和追求宏伟的目标，而且必须在某些方面把自己重新塑造成领导者的形象，同时，他还要求员工们更深一步挖掘自己的潜力并做一些更具风险、更为艰难的事情。

我向瑞奇介绍了坚毅的概念，并且和他一道精心构思了一些信息，他经过反复练习后，在一次员工大会上向员工们表达了这些信息，结果大受欢迎。在几个月内，AddThis 公司变得更加精细和专注了，员工们则纷纷在各自的领域内努力赢利。瑞奇领导着这个组织与甲骨文公司成功进行了合并，合并完成后，他收到公司员工发来的一些电子邮件和短信息，深受感动。员工们说，他召开的一些大会，成为他们职业生涯中的亮点，而且，他设法在演讲中向员工灌输忠诚、积极、坚毅、情感等品质和特点，使得员工们开始用全新的方式相信自己及他们的优势，让他们能够精力更加旺盛、精神更加专注、更加充满热情地投入到工作中。

瑞奇是本人具有坚毅品质的领导者的教科书般的例子，但他还设法改变自己。他变得不仅自身表现坚毅，而且还想方设法以令人印象深刻的方式和数百人进行交流，使人们为追求更加卓越而改变他们的自我信念。瑞奇是一位真正的变革型领导者，当我们足够幸运地与他这样的人共事时，便能树立自我效能，并且开启实现自己艰难目标、培育真正坚毅品质的旅程。

内在的目标：炉火熊熊燃烧

坚毅的人们在谈到实现他们的目标时，被内心勃发的近乎凶猛的热情所激发，这使得他们与那些不确立目标、没有热情去做一些重要事情因而没能受到鼓舞的人形成了鲜明对比。在目标设定这门科学以及情绪丰盈这个领域之中，首要的规则之一是，目标必须经受我称为的“那么接下来呢”的测试。我常常用这个提问考验人们。我之前提到过，当我的客户第一次告诉我他们的目标时，我会用这个问题来追问他们，因为我需要了解是什么在驱动他们，也就是讲，为什么他们要把自己的力量、资源、时间和自豪感用来实现目标。如果他们出于错误的理由而设定目标，就难以用令人满意的答案来回答这个问题。

凯蒂·莱德基（Katie Ledecky）是国际游泳史上一名现象级的运动员，曾五次获得奥运金牌。她小时候住在离我不远的地方，她的家庭仿佛是为她这颗超级明星“量身定制的”，激励着她一步步演变成那种“目标设定机器”。在莱德基居住的小镇上，有种现象人尽皆知：一些父母狂热地盼望他们的孩子如他们期望的那般伟大，于是在孩子很小的时候，就把孩子的练习情况用录像机录下来。但莱德基的父母却不一样，在她这个爱笑的小姑娘上天主教小学的时候，他们对她将来要做些什么似乎从容不迫，镇定自如。

在孩子们练习游泳的过程中，我们和其他的父母总在硬板凳和折叠椅上一坐就是好几个小时，而莱德基的母亲玛丽却总是对所有事情和所有人都保持乐观，尤其谈到她在杂志上找到的菜谱，她总是兴致勃勃地跟我分享。我发现她的个性十分乐观和迷人，为此，我向宾夕法尼亚的教授们递交了一篇专门写她的文章，题目叫作《我认识的最快乐的人》（The Happiest Person I Know）。我至今仍记得莱德基参加2012年奥运选拔赛前一天的情景，正是在那次盛会上，她一举成名。选拔赛那天，我的游泳大师团队正在游泳池里练习，莱德基却在相邻的泳道里孤独地游着，她的教练则在一旁记录她的分段成绩。莱德基的父亲戴夫则坐在泳池上方一个四周用玻璃围住的地方，在她热身的时候一直专心地看着报纸，头都不抬一下，尽管我们其他的父母总想偷看一下她在水下划水的姿态。她的父亲或母亲从不觉得她比兄弟姐妹更加重要或者更加特别，或者，也从来没有对她的成功投入许多个人的期望。

毫无疑问，莱德基的目标，只是她一个人的目标。她完全是受到自我激励的，而且不会仅仅由于别人让她去练习游泳而练习，并且在上学前和放学后、周末以及假日期间频繁练习。这项运动太难让人持之以恒地练习了，而且，练习的运动量之大，通常会让许多缺乏激励的孩子在青春期便坚持不下去，假如他们不是靠自己的热情而坚持不懈的话。事实上，大约十年前的一天，我在附近的公园遛狗时，偶然遇到了莱德基的妈妈。她知道我是研究目标设定的，因此问我，她在女儿的房间里曾找到过所谓“想要的”目标，我对此持什么看法。在她看来，这已经超出了女儿那个年纪的应当预期的目标。

她几乎一脸困惑地问我：“您怎么看？这正常吗？”

尽管莱德基的个性中的某些部分确实不可思议，而且，她采用的刻苦训练和设定目标的成熟方法，在年轻的美国孩子中也实属罕见，但她为达到超级明星的水准所做的大部分工作，并不是华而不实的，也不是别人无法学习的。她成功的部分“秘密”是她经常练习，而且每天尽自己最大的努力，这听起来容易，但在现实中做起来却很难。同时，当人们问莱德基怎么会游得那么快时，她的建议很简单：设立艰难的目标。[3] 让她与众不同的，以及我在其他坚毅的人们身上发现的，是她投入到自己的目标上的那永不知足的情感，它点燃了自己决心在游泳项目上超越所有选手的激情。教练们评价说，当这位谦卑而有礼貌的年轻女孩在水中奋力向前游去时，她身上涌现的这种神秘的“狂暴激情”，让人感到敬畏，好比“炉火正熊熊燃烧”。[4]

目标设定理论：“学习型目标”和“绩效型目标”

我在马丁·塞利格曼的指导下开始攻读积极心理学硕士学位之前，从没听说过目标设定理论。和其他许多人一样，刚到宾夕法尼亚大学上学时，已经读过并反复阅读一些十分畅销的关于目标的自助书籍：也就是被“1950年哈佛研究”（在这项研究中，把目标写下来的学生，在实现目标的比例上非同寻常地高于其他同学）证明其主张行之有效的书籍；主张采用SMART目标（即特定的、可衡量的、以行动为导向的、切合实际的、对时间敏感的目标，它不会像其他人“不切实际的”目标那样来鼓舞我们）的书籍；甚至是推崇吸引力法则（这项法则认为，如果你想要它，用足够的热情来想着它，并且想象自己已经拥有了它，那么，你终将得到它）的书籍，还有其他一些书籍。

我觉得，这些都是在设立和实现目标方面经过时间检验和证明的方法。许多方法以“研究”的面貌呈现，如果你不是足够敏锐，无法对它们提出质疑的话，它们就会假装成了真正的研究成果。事实上，尽管我在1985年时曾经有过亲身体验，把我自己将来的愿景写下来，并且终于在20世纪90年代末实现了大部分的愿景，但我对下面这种说法仍然稍稍有些怀疑，那便是：只要你足够渴望某些东西，你便能得到它。实际上，你也许并不是总能理解你的梦想究竟如何实现，而且有些事情就“奇迹般”地发生了。对这个事实，我是持开放的态度予以接受的。

在攻读积极心理学硕士期间，我的第一项学习任务涉及目标设定理论。爱德温·洛克和加里·莱瑟姆已经通过数百项研究来证明，最卓越的绩效总是在人们设立特定的和具有挑战性的目标时出现。随着我进一步挖掘，我了解到，目标设定理论区分了两种类型的目标：学习型目标和绩效型目标。学习型目标描述某个人以前没有追求这类目标的情况，因此他不知道要花多长时间来实现，甚至不知道需要运用什么策略才能成功的情况。由于这个人对自己要完成的任务比较生疏，可能还不具备必备的技能来快速实现目标，或者根本实现不了目标，所以，让他们对自己说“尽最大的努力”或者教导他们“全力以赴”，是可以接受的。但是，洛克和莱瑟姆发现，即使是在学习的情形中，设立较高的学习目标，也比设立平庸的学习目标能够取得更优异的绩效。一个简单的例子是了解美国历史上有多少位总统与了解所有总统的姓名及家庭背景之间的区别。让目标变得艰难和明确，对绩效型目标也是有益的，这正是坚毅的人们设立的目标的特点，他们认为，在设定目标时，一定要设立带有清晰标准和明确的完成期限的异常艰难的目标，除此之外的其他目标皆不可取。

不过，大多数人都未能成功，没有做到“丰盈”，意味着他们没能设立这类目标。他们瞄准的是“较低的目标”，或者心中并无目标。然而，当我们设立较低的目标时，尽管容易达到，却由于没有靠拓展自己的能力便达到了，因而不会感到满足。加里·莱瑟姆说，大多数人之所以设立这些较低的目标，是因为他们不想让自己失望，或者不希望在别人看来他们很糟糕，但讽刺的是，研究表明，我们只有通过在追求艰难的目标过程中让自己跨出舒适区，才能建立“真正的自尊”，光靠自己的幻想或希望，反而做不到。

当我们不知道这类目标的差别时，便有可能产生“倔强的坚毅”，从长远看，这种类型的坚毅会伤害我们，而且不会带来卓越绩效。我的一位客户就出现过这种情况。她名叫路易斯（Louise），有着杰出的工作背景，肩负众多的责任，一直以来成功地管理着下属员工。不过，她原来在公司里工作，后来转而创业，环境变了，但她的想法没变。她觉得，自己曾在公司中勤奋工作，进而一步步晋升到高级领导岗位，如果把那种劲头带到自己创造的新公司中，便能使新公司在市场中站稳脚跟。但现实与她的想法有些差距。

路易斯开始接受我的教练服务时，她感到沮丧，开始失去多年来成为她的个性标志的那种信心和热情。她告诉我，她不知道自己做错了什么，因此需要教练来帮她想清楚，否则可能会失去自己的公司，让数百万美元打水漂。她很确定，说到目标设定和责任心，她已经将自己推入到最有可能成功的情形之中，所以，当所有的事情都没有按照她希望的那样发展时，她感到特别苦恼。

当路易斯向我解释她采用的方法时，我立马发现了问题。每周一早晨，她会接到公司其他领导者打来的电话，于是，他们相互交流这一周的目标，从而开始一周的工作。到周五早晨，同样的这些人就他们完成目标的情况相互交流。路易斯向我描述了她通常设立的目标：在周三晚上之前，向所有供货商付款；周四之前做成 10 笔新的销售业务；制订员工手册；对比各种医疗保险计划，诸如此类。她说，周五早晨他们相互通气时，她发现自己几乎总是没能实现自己设立的目标。如今，她都开始不接周五早晨的电话了，因为觉得太失败了。

我问她一个简单的问题："你以前有没有实现过你在这家公司为自己设立的任何目标？"

她想了一会，然后说："没有。这家公司是全新的公司。在我以前的公司，当我需要做某件事情时，我可以交给秘书、下属或其他人。此外，以前在那家公司，我知道我在做什么。现在，我则有些搞不懂，我不知道如何去弄明白。"

路易斯的问题显而易见。她除了拥有一些学习型目标之外，几乎什么都没有，因为她以前不是一位创业家，没有起草过员工手册，也从来没有通过打销售电话来销售产品，诸如此类。然而，她却把所有这些目标当成绩效型目标，并给自己随意确定一个最后期限，因为她觉得，只要自己足够努力，"应当"能实现它们。但由于她没有经验，也没有职员可以依靠，或者也没人向她逐个步骤地传授方法，将她的目标分解成可控的步骤，所以一再失败。她的感觉越糟糕，便越是把自己隔绝在尴尬的氛围之中，这使得没有人能够以正确的方式来指导她。

我向路易斯解释，她并不是业务不精，而是错把学习型目标当成绩效型目标，可以立即采用一些解决方案来解决那些问题。我刚说完，路易斯的信心和精神状态马上就提升了。她开始懂得，要为"尽你最大的努力"确定一个最后期限和期望值，同时她还了解到，这个最后期限和期望值，就是她衡量自己绩效的最好方式。她还侧重于首先把解决挑战的各种可能的解决方案都拿出来进行头脑风暴探讨，然后逐一用与她的专长相匹配、与她的时间不相冲突的方式来试验。我建议她立即找一位导师，帮助她加快学习进程并提出经过检验的标准，使她能够将某些学习型目标转变为绩效型目标。

如果你想获得与真正的坚毅相关联的令人鼓舞的、提升士气的积极结果，那么，极为重要的是理解学习型目标导向与绩效型目标导向之间的差别，不至于把你的时间、精力、专注和毅力投到了错误的目标上，而你原本要用它们来实现艰难的目标。在我的经验中，这是人们和组织常见的主要问题之一，它可能将人们送入到痛苦、困惑和失败的恶性循环中。好在它也是可以用正确的知识和坚定的决心来解决的，当你决心学习怎样为获得最佳结果而运用研究成果的话。

责任心的重要性

在追求目标时，人们常犯的最大错误是没能树立责任心，从而不能保证他们按照自己所说的去做。人们没有做到这一点，原因是他们错误地以为目标对他们太重要了，因此在按期实现目标方面不会有任何麻烦。这种错误通常涵盖所有的目标，无论是参加体育锻炼、对某项事业保持忠诚和投入、改变生活状况，还是存钱。如果改变很容易做到，人人都会改变。改变之所以如此艰难，部分原因在于我们的日常生活中始终要和别人打交道，要遇到各种各样的环境，还要面对这样那样的诱惑，这些都将破坏我们的决心。坚毅的人们以多种形式来树立责任心。

树立责任心，可以求助于像我这样的教练。你向我支付费用后，我将帮助指导你，和你一同开展头脑风暴讨论并和你会谈，无论是面对面交谈，还是视频会话，以确保你能取得进步，同时也让前进道路上的挫折提示你制订新的策略。导师也可以帮助你树立责任心，向你提供有效的观点或策略，还给你施加一定的压力，以确保你做好自己的工作。运动教练则为胸怀宏伟目标的坚毅的运动员提供训练、反馈和团队合练的机会。有些时候，树立责任心，其实就和与同伴、朋友或者一群朋友齐心协力合作那么简单。我女儿萨曼莎（Samantha）在为美国法学院入学考试做准备时，就是这么做的。这项考试是美国法学院入学时的一项标准化测试，她和她的一个朋友怀着共同的学习目标，经常一起做入学考试的练习测试；采用这种方法，萨曼莎总共提高了大约 14 分的成绩，帮助她获得了自己可能的最高分。刻苦的努力终于获得回报，最后，萨曼莎的成绩，足以让她选择任何一所报考的法学院，包括哈佛。如今她就在哈佛法学院就读。尽管我女儿拥有热情和天赋，但正是由于她的刻苦努力加上对同伴的责任心，才使她在法学院入学考试中表现优异，并且最终实现当一名公共辩护律师的终极梦想。

策划与支持小组也总能拿出一些成功的策略来帮助人们实现目标。我曾帮助组建了一个策划与支持小组，它开会的时候，要么聚到一起开会，要么召开网络会议，不论是哪种形式，都在支持我朝着自己的个人目标和事业目标迈进，并帮助我最终实现了一些最艰难的目标。策划与支持小组的部分好处是能以友谊的形式提供社会性的支持，这种友谊超越了表面上的敷衍，你可以对他们表现出情感脆弱的一面，也可以表达你的希冀与欣喜，当你的目标处在自己的舒适区以外而且遇到巨大的障碍时，所有这些都会产生它的作用。

我在写《创造最美好的生活》这本书时，做出了一个艰难的决定：临时停掉我的教练服务，把自己关在一个无人打扰的地方专心写作。正是我的策划与支持小组鼓励我迈出这一步的，因为这不仅有着巨大的风险，还有可能导致财务亏损。他们让我一五一十地概括我每天要写些什么，同时给予各种支持（包括提供技术支持、打电话来问候、驾车送我孩子去练体育，还有许多其他的帮助），并在我感到痛苦并担心自己会吃不了兜着走的时候使劲逗我笑。如果没有他们的帮助，我绝不可能写完这本书，而我坚定地相信，每个人都可以从这样的小组受益。当策划与支持小组采用特定的指导方针来运行且其成员都比较合适时（例如，成员对改变都充满热情，一心想支持其他人来做出同样的改变），那么，小组成员将保持在正确的轨道上，不至于使小组会议变成一次次“牢骚大会”，或者大家都在絮絮叨叨地抱怨。

还有其他形式的责任心也能产生重大影响。有的人通过网站、群发邮件或社会化媒体公开宣扬他们的目标，有的人则能够进入主流媒体来宣传自己的目标。我曾在一些公司、机构和学校中组织过大型的团体，常常邀请其他人和团体成员们分享目标，而我发现，这种公众支持是能够改变人们的。并非人人都想或者都应该这样公开地表达自己的目标，但是，当你身边的人都关心和支持你时，向他们公开阐明你的目标，可以使他们一如既往地关注你、询问你的进展，并在你很想停下脚步时，给予你大力的支持并点燃你的热情，助推你继续前行。

把目标写下来可以强化实现目标的决心

有证据表明，把你的目标写下来，能够增强实现目标的决心。这可以采用在网站或博客中、“行为合约”中以及日记中公开写出你的目标的形式。研究发现，“将来可能的最好的自己”的练习，包括把你对自己 10 年后的愿景写下来，这种做法能够触发以目标为导向的思考，澄清相互冲突的目标，同时还能提升你的乐观精神，激励你坚持下去。

2015 年，美国全国公共广播电台播发了一则故事，名叫《改变人生的写作任务》[5]，描述了一个在线的设定目标和写日记计划对大学生产生的令人印象深刻的影响，即提高了他们的在校率和平均分。多伦多大学心理学系教授约旦·彼得森（Jordan Peterson）开设了一门称为“意义地图”的课程，让学生逐一回答许多问题，帮助辨别自己的动机、为将来的学习以及特定的目标做好计划，并制订一些策略来支持学生克服任务中的挫折与障碍。他将这种与目标设定紧密联系起来的令人印象深刻的写作分为两个部分：“关于过去的写作”和“关于未来的写作”。

加拿大蒙特利尔市麦吉尔大学组织开展的一项研究发现，一些极有可能退学的学生学习了“意义地图”这门课程后，不但不太可能退学，甚至更有可能提高学业成绩。另一项研究围绕大学一年级学生学习了这门课程后的情况开展调查，结果发现，写作练习几乎消除了性别与种族之间的所有差别。如今，荷兰的鹿特丹管理学院也引入了这门课程，产生了格外强烈的反响，原因是有可能在“成见威胁”面前感到脆弱的移民的大量涌现。彼得森觉得，使这些学生依然留在学校的目标设定的干预方法，起到了改变人生的作用：“你不必成为天才，也可以完成学校的学业。你甚至不必对学习感兴趣，也可以完成。但是，如果不做任何努力，那结果将是致命的。”[6]

练习

设立更好目标的方法

- 制订一系列目标清单，包括那些你已经实现了的目标的清单，以提升熟练的感觉。有的人说：“我的目标是争取拿到100分。”但说到让你迅速行动起来，数字其实不如列出清单那么重要。邀请别人参加这个练习并且交换你们的清单，相互解释你们的目标背后的“那么接下来呢”。
- 如果你已经设立了一些你想实现的目标，但感到自己陷入了困境，试一试“问五次为什么”的方法，扪心自问，为什么你可能不会奋力向前。“问五次为什么”是一个还有助于承担风险的练习，这正是我将它放在第11章末尾的原因。
- 让你对自己的目标负责任的一种好方法是给自己写一些电子邮件，这些邮件将在未来的某个日子发给你自己，但你现在就要为这些邮件的发送时间做出安排。这些邮件将提醒你，需要采取一些什么措施，为什么你的目标如此重要，并且让你克服困难，对目标全心全意地投入时间和精力。假设你的电子邮件地址不会改变，你可以在futureme.org这个网站中写一些未来几周、几个月甚至几年内将发送给自己的电子邮件。这不但是一种保持责任心的好策略，而且不会花一分钱。
- 新的研究发现，有意识地思考一天中需要完成的目标并考虑怎样将这些短期目标与长期目标和计划整合起来的人们，不太可能感到情绪枯竭，对工作更加满意，甚至上下班途中也更快乐！[7] 因此，早晨起床后，在仔细思考一天的目标以及怎样实现它们、何时实现它们的同时，也问一问你自己，这些目标与你的长远计划是不是相一致的。这种思考被称为“以目标为导向的展望”，它将产生更多的积极情绪、增强自我调节能力，并且在你以目标为导向的心态下着手你的工作时，助你一臂之力。

练习

遇见 10 年后的自己

从积极心理学这个领域中涌现出来的最知名的写作练习之一是“将来可能的最好的自己”，我在前面的内容中讨论过，并在第 3 章时就请你开始考虑。如果你还没有开始的话，现在是认真做好这一练习的好时机。这项写日记的练习要将你带到未来 10 年之后，并且每天花 20 分钟时间描述一下未来的自己，一连写三天。每天在写这种日记的时候，要尽可能探索生活中的各个方面：你会住在哪里？平时做些什么？和谁在一起？怎样和你的朋友及家人交流？你有自己支持的事业吗？你冒了什么样的风险？最终获得了怎样的回报？到第三天写完时，再花 10 分钟时间介绍一下你未来的自己，就好比你把自己介绍给眼前的观众。

研究发现，完成这一写作练习，可以为你带来热情和乐观，让你看清相互冲突的目标，激发自我关怀，并且促进积极主动的实现目标的行为。[7]

第 11 章

chapter11

自我调节

2014 年,《大空头》(*The Big Short*)、《老千骗局》(*Liar's Poker*)、《点球成金》(*Moneyball*)等畅销书的作者迈克尔·刘易斯(Michael Lewis)简要介绍了时任美国总统贝拉克·奥巴马,揭秘了白宫的生活。几个月来,刘易斯跟随奥巴马搭乘"空军一号"旅行,时常参加信息发布会,和他一同打篮球。在这段时期,他了解了奥巴马怎样运用社会心理学的某些研究成果来简化工作、提高效能。其中最重要的一点是:对那些不必由自己做出的任何决策,奥巴马都交给别人去做,因此,他只穿蓝色或灰色的西装,吃工作人员给他送来的东西,并且让别人接管他平凡的日常生活细节,从选择穿什么袜子,到每天的什么时候要到哪里去，诸如此类的事情，他一概不管。

奥巴马这样做，是为了保存他的决策精力，这是因为，关于意志力的最新研究成果表明，耗费精力的决策，往往也会消耗决策者的意志力，造成所谓的“决策疲劳”。刘易斯解释说：“你得让自己程序化。你不能因每天生活的细枝末节而分心。”[1]

奥巴马的确做了一些每个想要变得坚毅的人需要学会做的事情：不浪费时间来思考自己是不是应该做某些真的并非十分重要的事情；相反，他把那些事情交给别人来做。他创建了一些触发自动行为的程序，借此来节省自己的情绪能量。当他必须集中精力来思考只有总统才能决定的大问题时，他将自己清晰的思维和高质量的专注力导向手头的问题。

拒绝错误的事情，意味着接受日后生活中正确的事情

还记得我在本书前面的内容中提到的沃尔特·米歇尔著名的棉花糖实验吧？在该实验中，研究人员发现，和那些无法拒绝诱惑而马上吃掉棉花糖的孩子相比，那些推迟了15分钟吃棉花糖的学前班孩子，在未来的人生中更有可能在学术能力测验中取得高分、产生较少的行为问题、具备更多的领导素质、更加受人欢迎、成绩更好，而且产生的成瘾问题更少。更多的研究发现，幼年时期的这种延迟满足的能力，甚至还预示着更多积极的结果，包括离婚的可能性较小、工作任期更长、幸福感更强。如今，米歇尔将研究方向转到这种能力是否还预示着成年后的收入更高——他

怀疑会是这种情况。

政策制订者和教育改革家还强调了在孩子年幼时向他们传授自我调节能力的重要性。2015年，美国国家经济研究局发布的一份报告称，员工拥有的类似于坚毅和自我调节等一些非认知的技能，和他们带入到职场中的知识相比，即使前者不至于比后者更重要，至少也同样重要。而那些技能的培育，应成为小学阶段的重中之重，因为在那个年纪，个性具有“可塑性”。[2]畅销书《深度工作：如何有效使用每一点脑力》（*Deep Work: Rules for Focused Success in a Distracted World*）的作者卡尔·纽波特（Cal Newport）进一步指出，自我调节是如今一项至关重要的生活技能，他断言：“21世纪的智商是保持专注的能力。”[3]

我平生第一次了解关于自我调节以及这种品质预示着什么的研究时，不无愧疚地回想起我的孩子们的年轻时代，那时，我不会总让他们等待奖励。我可以确定地讲，如果我能回到从前，再养育孩子们一次，那我会极度关注这个方面，这是因为，当你可以学会延迟满足时（而且，它是一项后天学来的技能），能给你带来一系列的积极结果。研究非常明确地显示，具有高度自我调节能力的人们不但能成功实现他们的目标，而且享有另外一些附带的好处，比如自信心更足、能够交到更多的朋友，并且感到更幸福。

米歇尔从棉花糖实验中发现，参与实验的表现最好的学生，是那些基本上抗拒了所有诱惑，有意识地让自己不去想着棉花糖的学生：他们把头低下来、背对着棉花糖、放声歌唱以便让自己分心，并且尽一切可能使注意力不放在棉花糖上。这与奥巴马精心设计的一天的生活没有什么不同。奥巴马的一天，他只想着自己必须想的事情，因为“琐碎”的时刻以及分心的事情一旦出现，他那宝贵的意志力储备便减少三分。

就我本人而言，为了克服我的暴食症，我本能地学会了像米歇尔的实验中那些 4 岁的“延迟满足者”做的事情。我不去任何一家自己曾在里面胡吃海喝过的餐馆。我们家的厨房也不再摆着任何那些极具诱惑力的食物，每每看到它们，我可能会想着放弃。而且，我通常把午餐打包带到单位，这样一来，便不会老想着在购物商场的美食区闲逛并看到大量可以吃的美食的情景。对我来说，我在十二步骤计划中常听到的“简单点吧，傻瓜”这句话很管用；而且，我对关于自我调节的研究了解得越多，便越能理解，想要避免滥用意志力，就要“使决定保持简单”。

到底什么是意志力

过去 15 年里，以自我调节为研究对象的研究蓬勃兴起，有时候甚至还引发争议。佛罗里达州立大学教授罗伊·鲍迈斯特（Roy Baumeister）是这一领域的领军者之一，他和其他学者合作，提出了一种“意志力如同肌肉”的理论。鲍迈斯特认为，我们每天早晨醒来时，对自己说“不”并且使自己延迟满足的这种能力是有限的，在一天的工作和生活中，每过一段时间，我们的意志力就削弱一点点。而我们一天中要做出的那些“费力的”决定，还包括对自己能做什么、不能做什么进行权衡。让我们观察这一事实怎样影响做出假释决定的法官们。

在一项著名的研究中，研究人员发现，法官们开始一天的工作时，能够对复杂局面进行评估，以做出合适的假释决定，但随着早晨的时光匆匆掠过，他们便无法继续保持这种能力。[4] 他们的大脑变得“疲劳”，并默认地选择了可能的最容易的选择，而这些选择，也正是他们最习惯做出的决定，不论它到底是什么。但吃过午餐后，他们的决策能力又和早晨一样敏锐了，所以，当他们决定休息一下并摄入一些营养物质（特别是葡萄糖）时，能使他们的意志力储备完全恢复。

围绕自我调节的一些最新的研究发现，如果你一条心地认为自己拥有无限的意志力，你的身体也将用增强的自我控制来响应。研究发现，睡眠、笑、以及亲眼看着其他正在锻炼意志力的人们，也可以使面临枯竭的意志力得到全面恢复。[5] 那么，削弱意志力的最大元凶是什么呢？酒精。事实证明，酒精可以削弱我们在任何事情上对自己说“不”的能力，在酒精的作用下，我们对包括酗酒、暴食、滥交、乱花钱、沉浸在愤怒中等在内的以及其他各类自我毁灭行为，都将减弱拒绝的能力。

节制与坚毅

卡琳·派普斯（Karlyn Pipes）是我们这个时代赢得最多荣誉的游泳选手之一。她还是个孩子时，便发现自己格外擅长游泳；青少年时期，她被认为是美国最有前途的游泳运动员之一，这使得她赢得了15项全额奖学金，并最终进入阿肯色大学就读。然而，随着卡琳开始在酒精中沉沦，她被剥夺了奖学金，也失去了成为奥运选手的希望。后来，她在耻辱中回到加利福尼亚，继续饮酒作乐，在 30 岁出头时，她的生活陷入谷底。

再后来，卡琳在生活中变得越来越节制，而她以前对游泳的热情，也再度排山倒海般涌来，使她重新找到了生活的目的。她返回大学，再次开始竞技游泳，成为在美国大学联赛中夺冠的年纪最大的运动员——实际上，她赢得了三次冠军，并在 35 岁时成为创造并保持美国大学联赛纪录的最年长运动员。后来，她仍继续创造、打破并重新创造了 200 项国际泳联世界大师的世界纪录。2015 年，她被纳入国际泳坛名人堂，并出版了一本记录自己恢复历程的回忆录，名叫《颠覆人生》(*The Do-Over*)。

卡琳的故事中描述的那种曾被酒精淹没的热情以及随后又重新浮出水面的节制，是我们经常听到和看到的。正如鲍迈斯特发现的那样，酒精是人们在人生道路上迷失方向的重要原因。我们在过量饮酒的同时，对任何事情都不可能坚持不懈、坚忍不拔。有时候，客户向我透露他们在酒精中挣扎，因为他们知道，酒精会成为他们成功道路上的拦路虎。当他们终于戒了酒时，总觉得一种更美好、更幸福的生活在等着他们。因此，尽管大多数人在饮酒时保持理性，但对那些在酒精面前缺乏控制力人们来说，我总是建议他们先考虑中止和我们的合作，尝试着参加一次匿名戒酒互助社的会议，看看其中的故事能不能引起他们的共鸣并鼓舞他们。

“无名的问题 2.0 版本”

20 世纪 60 年代初，调查发现，生活在美国一些城市郊区的成千上万名中年女性患上了抑郁症，她们感到无助和绝望，滥用处方药，并且过着平静的绝望的生活。在这些地方，养育孩子和使用最新式的真空吸尘器，不足以让这些女性感到幸福。贝蒂·弗里丹（Betty Friedan）在她所著的《女性的奥秘》（*The Feminine Mystique*）一书中把这种现象称为“无名的问题”，将这些女性的生活现状带入公众的视野。

最近几年来，我开始注意一些令我感到担心的不同寻常的事情，促使我围绕我称为“无名的问题 2.0 版本”的现象写了一些文章。过去 10 年来，在许多有着自我毁灭行为的人口统计列表中，中年女性的数量已经激增至第一位，她们表现的自我毁灭行为包括抑郁、自杀倾向、进食障碍、滥服处方药以及酗酒。[6] 许多已到中年的白人女性不但没有像其他人一样过着更长寿、更健康的生活，而且还呈现出其他群体中没有发现的趋势——过早离世。[7]

在坚毅的品质变得前所未有地重要的时代，我担心我的同龄群体正面临着众多情绪上和心理上的挑战。她们屈服于自我毁灭的行为和消极思维，难以妥善处理失望情绪，无法适应不断变化的环境，所有这些，都在吞噬着她们的韧性，让她们无法找到生活的热情与意义，不能很好地设定目标并建立积极的人际关系。她们绝望的行为还削弱了自我调节的能力，这是人们在追求艰难目标时的主要动力。我注意到，在我的一些女性客户和朋友中，那些锁定某个新目标并且能在日后的生活中更加自由地重塑自我的人，能够怀着极大的热情寻找希望和幸福，这也使她们在婚姻和家庭生活中重新振作起来。

那些成功地从某个阶段过渡到另一个阶段的夫妇，可以通过激起“米开朗琪罗效应”，在培育自我调节能力的过程中互相帮助。当我们为自己的未来确立一些目标并和我们的伴侣分享时，假如伴侣们能够用他们的反馈与表扬来“雕塑”我们，那我们更有可能焕发生机、充满意志力，并在工作和生活中取得成功。例如，妻子在漫长的 15 年里扮演家庭主妇的角色，尽心尽力照顾孩子，如今想要重返职场，假如她的丈夫表扬她结交朋友、学习新技能、摆脱家务活等行为，以努力“重塑”妻子，而不是称赞她做的烤肉卷味道不错或者剪报手艺很好，那么，妻子的生活会过得更加丰富多彩。

研究人员劳拉·金发现，一项称为“可能的迷失的自我”的写作练习能使离异女性和需要特殊护理的孩子的母亲受益，这项练习包括详细描述你认为自己随着年岁的增大会变成一位怎样的女性，但由于已经改变了的情况而没有机会成为的那个人，比如，与你原本以为能够相守白头的伴侣离了婚，或者发现你含辛茹苦养大的孩子并没有按照你在怀他的时候设想的方式来做事情。劳拉·金发现，不知不觉间，许多女性被这些“可能的自我”拖累，她们详尽地描述从来没有经历过的生活，并挥挥手和它告别，这样一来，便能打破情感上的僵局。[8]

为什么这么多经济拮据的人肥胖

一些最新的有关自我调节的研究使我对那些挣扎于相互矛盾的金钱压力与经济拮据的人有了不同的、更为理性的理解，我对他们有了更多的理解，少了很多评判。由于意志力是一种有限的资源，每当我们在一天中做出一次次劳心费力的决策之后，它便会一点点地消耗一空，那么，设想一下，当你在勉强过活并且不得不确定是否支付得起电费账单、买得起日用品或是孩子的鞋子时，你的生活会是什么样子。当你一天下来觉得没完没了地过着这样的生活时，那么，到这天结束时，你觉得会发生什么？毫无疑问，你会过度消耗你的意志力，也许会过度进食、过量饮酒，或者控制不了你的脾气，这也许能够解释肥胖症、药物滥用以及暴力等现象在经济拮据的人群中十分常见的原因。

我在着手研究“提升你的坚毅”这个主题时，曾为Happify网站举办过一次公开的网络研讨会，结果收到这种经济条件受到限制的人们写来的电子邮件，他们虽然有着宏伟的梦想，但担心自己没有足够的坚毅品质去实现目标。在了解了他们的经济负担、身体挑战以及无法迈步向前等情况后，我给他们回复邮件说，我认为他们确实拥有坚毅，但他们的坚毅品质，可能被每天必须应对的生活障碍消磨光了。我向他们解释自我调节的道理，并鼓励他们首先培养一些能够保存心理力量和增进身体健康的习惯，然后着重关注微小的、可以成功的目标，帮助他们积聚动力。一旦他们体验到了充分利用社会心理学研究给生活带来的好处，我希望这些低收入的人们可以像身居白宫的奥巴马那样来生活，也就是过上有尊严的、平和的、尽可能自信和专注的生活。如果他们能够做到这样，便有机会培育那种有助于他们过上自己确实想要的生活的那种真正的坚毅。

Happify 网站 vs 精灵宝可梦 GO

最近，积极心理学领域出现了两位颇有远见的人物：奥佛·莱德纳（Ofer Leidner）和托马尔·本－基奇（Tomer Ben-Kiki）。两人曾在以色列军中服役，并在军中了解到，运用计算机，几乎可以做好任何事情。退役后，他们成立了一家名叫 iPlay 的公司，如今他们承认，这家公司曾让人们沉迷于游戏之中，使生活脱离正轨，给这个世界上太多人造成了拖延和焦虑。后来他们将公司出售，并且渴望用他们的知识和时间来做些更有意义的事情。当他们发现了积极心理学这个领域后，无意中找到了一种运用他们技能的绝好方法，于是创造了一些他们觉得这个世界需要的东西。Happify 网站就是他们和技术天才安迪·帕森斯（Andy Parsons）共同努力打造的，三个人运用自身的知识，通过网站和 app，将人们吸引到他们出售的几十种“轨道”上来，所有这些产品，都在告诉用户怎样留意积极的情绪、体验感恩、在日常生活中发现了不起的地方，并且与负面想法做斗争。如今，一种流行的风潮是分散人们的注意力（比如精灵宝可梦 GO 游戏），这根本无助于坚毅品质的培育，但拿 Happify 网站和这些游戏相比较，你便会发现，让你加深对自己的了解，并且只沉迷于那些真正产生积极结果的事情之中，是多么的重要。

ADT：注意力缺失特质

2005 年，爱德华·哈洛韦尔（Edward Hallowell）为《哈佛商业评论》撰写了一篇文章，文章的标题是《过载回路：为什么聪明人表现不佳》（Overloaded Circuits：Why Smart People Underperform）。哈洛韦尔是一位心理学家，曾帮助许多人诊断和治疗注意力缺陷多动障碍（Attention Deficit Hyperactivity Disorder，简称ADHD）和注意缺陷障碍（Attention Deficit Disorder，简称ADD），此外，他还注意到一种相关的新的注意力障碍广泛流行，他称之为注意力缺失特质（Attention Deficit Trait，简称ADT）。注意力缺陷多动障碍及注意缺陷障碍的根源在遗传学中，通常与一些富有创造力和洞见的才华一同出现，因此，从表面看起来，患有这两种障碍的人似乎时常无法保持专注；和它们不同的是，注意力缺失特质不会与任何的才华一同出现，而是在一个运动功能亢进的世界中工作和生活的结果，在这样的世界中，我们的大脑必须记住太多的数据点，已经不堪重负，开始停工。

缺乏自我调节的能力，是因为我们不停地使用高科技产品、迫切地需要速度所致，而我认为，很多人无法后退一步并重新调整目标，是当前这个世界缺乏坚毅品质的部分原因。哈洛韦尔相信，致使注意力缺失特质四处流行的部分原因是生存恐惧机制，无论什么时候，它会在我们感到震惊或者受到威胁时突然活跃起来。他写道："在生存模式下，经理的灵活处事的能力、幽默感、应对未知事物的能力都被夺走了。他拼命想要杀死这只隐喻的老虎。"

哈洛韦尔在注意力缺陷障碍和注意力缺陷多动障碍之间仔细地作了区分，这些都可以通过大脑扫描和选择性地使用刺激物来加以确认，而注意力缺失特质不是这两种中的任何一种，并且只能通过改变个人的外部环境和对压力的应对方式来减轻。为了战胜注意力缺失特质并学会如何培育自我调节能力，以防那些分心的事情和干扰持续不断地影响到你实现重要目标，哈洛韦尔提出一些建议，这些建议类似于为成功创造理想条件的智慧，那便是：提升积极情绪，与你喜欢的和尊重的人们保持密切联系，用适当的休息和补充营养来照顾好你的大脑，锻炼身体、简化日常工作和整理身边环境，以避免分心，以及知道在自己焦虑不已时如何自我抚慰，以便你恢复平和的状态。

我们环境中的言语

我们环境中总是存在一些刻意干扰我们并破坏我们的自我调节能力的因素，不但如此，另一些随机发生的不可预见的事情，也会产生同样的作用，对此，我们得加以警惕。研究人员发现，我们持续受到“无意识启动”的摆布，所谓“无意识启动”，可能是一些言辞、歌曲、地点、图片，甚至是人。只要我们遇到了这些启动目标，我们可能不自觉地以积极或消极的方式来思考或行动。有些公司充分利用言辞的这种积极力量，围绕公司体现的价值观或者公司高层希望在员工中看到的行为来命名会议室。例如，Sprinklr 公司的多间会议室用“勇气厅”“感恩厅”和“诚实厅”来命名，其创始人拉吉 · 托马斯（Ragy Thomas）明智地指出：“在一间被命名为‘谦卑厅’的会议室里，人们难以做到傲慢，是不是这样？或者，在一间名为‘坚持厅’的会议室里，人们也不太可能轻易放弃，是不是？”[9]

人们开始极大地关注歌曲中使用的语言类型，英国研究人员发现，最近数十年，患上与酒精相关的疾病的人数增多，反映了同一时期的歌曲中越来越多地运用积极措辞来描述饮酒行为。[10] 一项新的研究发现，如果我们走过一群正在聊天的人们身边，无意中听到了诸如“不可能做这件事”或者“失败”的词语时，会削弱我们的自我调节能力。[11]

毋庸置疑，具有足够的意志力来延迟满足，以追求和实现目标，对我们特别重要，尤其是当我们距离目标的实现还有一段漫长而艰辛的旅程时。这正是许多人通过提升他们的自我调节能力来迈上培育坚毅品质的征途的原因。幸运的是，关于如何提高意志力的大量的研究和新的信息，使我们可以选择许多的练习，同时也让我们看到希望：每个人都可以在这方面变得更出色。

练习

提升自我约束能力的方法

- **回到自律的老式规则。**今天，天主教学校传授和教导的一些练习和规则，实际上被认为是一种在生活中其他方面提升自律的好的训练方法，那些练习和规则包括：“坐端正”以及“用漂亮的手写体把这些句子写一百遍”。挑一些简单的和有针对性的事情来反复并刻意地练习，以提高你的自律。关注细节是特种部队中训练战士的核心方法。任何忽视细节的行为，都可能导致对某人自己或他人的伤害，因此，军事训练尤其强调关注简单而特定的细节，比如把鞋子擦得锃亮并确保军服一尘不染，连根头发丝都找不到。

- **向自己发问。**虽然自我肯定能够从总体上帮助人们实现目标，但研究还发现，围绕我们到底做不做某些特定的事情而向自己发问，可以带来更好的结果。因此，不要对自己说："我将报名参加铁人三项赛。"而是改成问自己："我会报名参加铁人三项赛吗？"得克萨斯大学奥斯汀分校的心理学系主任兼教授詹姆斯·彭尼贝克说，我们的社会认知的观念与现实世界中的行为是相关联的，换句话讲，我们需要注意言语怎样影响我们自己培育（或者破坏）性格优点，而这些优点，是我们在积极主动并追求成功时需要的。
- **精心挑选你常去的咖啡店。**和其他许多行为一样，自我调节以及专注于任务，也都是具有感染力的。当我们开始无意识地模仿那些奋力拼搏的人们时，无论是模仿他们的呼吸频率、身体姿势还是说话的风格，都能够产生一种积极的涟漪效应。有的理论还假定，我们在其他人面前工作时，会激起"观众效应"，意思是说，当我们相信别人在看着我们时，自我控制能力更强一些。另一种理论指出，少数几个人全都在做同一件事情时，可能会开始相互竞争，以取得最优秀的结果。但是，不论这些效应的原因是什么，要牢牢记住一点：坚毅的人们知道如何自我调节，而和能够自我调节的人在一起，有利于为你自己培育那种习惯。
- **如果你是一位父亲，抽些时间和孩子们玩耍。**这一建议，对父亲们和准父亲们来说，是在孩子们身上培育自我调节能力的机会。好几项独特的研究认为，父亲经常与孩子们玩耍，能够提高孩子的自我调节能力。杨百翰大学在几年内追踪观察了 325 个家庭的情况，结果发现，父亲在养育孩子的过程中表现得较有权威的双亲家庭，能够培育更多的孩子坚持某一任务或完成某一项目。另一项重要的研究表明，父亲在和孩子玩耍时表现出的素质，最显著的是疯玩时表现出的素质，有助于孩子学会怎样应对沮丧的感觉：在和父亲在一起时，孩子们能够通过笑声来应对失败。[12]

问五次为什么

2011年，《哈佛商业评论》发表了一篇关于著名的“丰田生产体系”的文章，该体系其实是一个生产流程，该生产流程源于对为什么任务不能按时完成，或者在某些情况下根本完不成的调查。[13]丰田的生产遇到的挑战十分显著，这个体系帮助公司高层决定哪些项目应当优先完成，怎样减少浪费，以及哪些方法产生最佳的结果。同样，对于想要培育坚毅品质的任何人来说，了解哪些选择可以带来最好的结果，并且不再做那些与目标的实现背道而驰的事情，是重中之重。

因此，想一想那些你做得不是太好、根本没有做好或者你想要改变的事情。这方面的一个例子也许是控制你的支出，以便存下足够的钱，使自己可以成功实现目标。接下来，问你自己：“为什么会这样？为什么我之前一直没有______？”你不但要辨别原因，还要通过继续问“为什么会这样”来审视其中的原因，直到你至少问了五次为什么，从而把目光紧紧盯在问题之上为止。回到我们的例子，提问和回答的过程可以这样进行下去：“我没有存到足够的钱，是因为我没有控制自己的开销。我没能控制住开销，是因为总有一些最后时刻冒出的账单要支付，它们将我存的钱一扫而光。之所以会冒出那些最后时刻的账单，是因为我总是等到最后一刻才去支付。我等到最后一刻才支付，是因为我的固定开销已经吞噬了大部分的工资。我有这么多的固定开销，是因为……”

进行到这一步，我想你已经想清楚了。正是通过类似这样的持续不停地追问，你才能找到问题的根源所在，也只有从根源着手，你才能着手进行能够产生多米诺效应的改变。

第12章 chapter12

冒险

在我的教练实践中，我最喜欢的一个问题是：“你曾经冒过最大的险是什么？得到了什么回报？”听到这个问题，人们总是不可抗拒地告诉我一些关于他们自己的故事，包括在没有保障的情况下辞职、向某人求婚、一时心血来潮到某个遥远的目的地去旅行、花了钱和时间去念书却从研究生院退学。当他们谈到一系列积极的结果时，他们的声音都变了，比如进入了某个自己兴趣盎然的领域去实现长期以来热烈追寻的梦想、改变自己的世界观以更加具有同情心、摆脱家庭的束缚或文化的羁绊以找寻更强大的自我接受和使命感。

真正坚毅的人们并不是对他们自己的能力有着不切实际的疯狂幻想，但他们的确会冒险，这是因为他们具备自我效能，也就是说，不论他们需要了解些什么或做些什么来实现自己的目标，他们相信自己将会了解清楚。不过，他们最突出的性格特点在于不害怕失败，而且也不一定允许自己设想或接受自己将会失败的想法。

2012年，在伦敦奥运会上，凯蒂·莱德基夺得女子800米自由泳金牌，从此在国际泳坛声名鹊起。尽管在此之前她从未在国际赛场上亮过相，但这并没有对她的勇气造成干扰。在决赛中，当游到泳池中央时，莱德基开始超越世界纪录保持者、英国运动员瑞贝卡·阿德灵顿（Rebecca Adlington），并在评论员们气急败坏的连呼“不敢相信”时，一点一点拉开领先的差距。莱德基后来承认，尽管自己当时很年轻，缺乏顶级比赛的经验，但她只想象过自己站在奥运会冠军领奖台上的情形，从没想过获得其他名次甚至无法夺牌的情形。随后几年指导莱德基数次打破世界纪录的教练这样解释她的心态：“凯蒂不害怕失败，但失败不在她的选项之列。”[1]

坚毅需要技术纯熟的冒险，原因在于，坚毅的人们通常开辟新的领地，做一些自己或其他任何人通常没有做过的事情。他们必须一而再再而三地跨出自己的舒适区，以便到达他们想要达到的地方，与此同时，这还不能确保成功。尽管如此，也没有什么能够阻拦他们；他们宁愿自己赌上一把，也不愿接受那种自己知道一定会发生什么的生活。

我们最美好的生活呼唤冒险

2008年，《纽约时报》的记者采访了我，并且撰写了一篇关于人生目标清单的文章，文章发表在“国际生活”板块的前面。没过几天，我便接到巴诺书店出版部门——斯特灵出版社的收购业务主管的一个电话。他告诉我：“我喜欢您的主题。您能把它写成一本书吗？这是因为，如果可以的话，我们将在 2009 年 1 月出版它，在读者纷纷下定‘新年决心’的时候推出。”他还告诉我，在这么短的时间内写出一本书，会是一个创纪录的挑战，但我还是接受了这个挑战，不过，我并非毫不担心，内心也感到忐忑不安。

要写一本厚达 256 页、充满大量脚注的书，而且还是第一本关于实现目标和幸福感这门科学的实证的书，我必须采取一些措施，而那些措施，让我承担了一定的风险。那时正是大萧条期间，我连续 4 个月暂停了我的教练服务——要知道，如果我想在最后期限之前完成写书任务，就只剩下这 4 个月的时间了。为了高效地写作，也为了不至于花太多钱，我还一度搬出自己家，每隔两个星期才回一趟家，和家人团聚，然后又出去一个人住。当时，我的三个孩子只有 18 岁、15 岁和 12 岁，我不得不把孩子们交给其他的妈妈们照顾，她们接手了我日常的做饭、开车等任务，并在孩子们放学时到学校门口去接。有段时间，我浑身长满了疹子，还有好几次偏头痛发作得十分厉害，几个小时不停地呕吐，最后不得不上医院。尽管面临重重困难，我还是按期交出了书稿。把书稿交给了编辑后，我开车经过连接旧金山和奥克兰的海湾大桥，然后回到家里，打电话告诉我的经纪人，说我已经完成了写书任务。我兴奋地对他说：“艾弗，我做到了！”听得出来，我的声音里当时充满了惊奇和敬畏。

由于我在财务上和情绪上冒的这些险，结果发生了几件重要的事情——说实话，是因为我不知道我能否在如此短时间内写出这本书。其中，第一件重要的事情是我重新定义了我是什么样的人，很大程度上与克里·斯特鲁格说她在1996年奥运会上取得飞跃并重新定义自己是一样的。[2] 我意识到，我在巨大的生理、情绪和财务压力的情况下，完成了某件具有挑战性的任务，而且不论那些挑战有多么艰巨，我还是写出了一本具有开创意义的书——《创造最美好的生活》，给目标设定和积极心理学的文献增添了新的内容。第二件重要的事情，其实是我想知道的，那便是：在我已经完成了那本书的写作并准备重启教练服务时，客户们是不是仍然想跟我合作。我的教练服务一向只采用推荐的方式来推广，我知道，我暂停这项服务闭门写书期间，其他许多优秀的教练可能兴高采烈地占据我的这块市场。不过，让我大为惊奇的是，我居然没有因此失去一位客户。事实上，我的教练服务在留住了老客户的基础上，反而增加了新客户，他们帮助我重新填满了在我冒着风险写那本书的时候已经干涸的金库。

我对这个出人意料的结果充满好奇，有一天，在和一位客户重新联系时，我忍不住问她："为什么你没有聘请别人？"

她的回答让我吃惊。她说："你做了一些我以前在现实生活中从未见过别人做过的事情，我想知道你到底是怎么做的。"她接着解释道："每个人总在谈论要大胆冒险、追随自己的热情、不要贪图安逸，但你是我人生中遇到过的第一个有勇气追寻自己梦想的人，尽管你把这么多的事情都放下了，冒着巨大的风险，包括冒着有可能失败的风险。”

我很长时间都在深深思考客户的这番话，发现她做出了正确的评价。尽管许多人经常受到鼓励追寻自己的热情、不管后果如何也要勇敢前行，但真正能做到这些的人，简直是凤毛麟角。在写那本让我冒着巨大风险的《创造最美好的生活》之前，我曾采访过目标设定理论的共同创立人加里·莱瑟姆，他向我解释了这种动力。他说，他的研究显示，人们不去冒险、不去尝试实现艰难目标，原因在于他们不想让自己失望。他轻轻地笑着说：“毕竟，如果你不去摘星星的话，哪一天你发现自己摘不到，也不会感到难过。”他总结道：“没有人想对自己感觉不好，这正是许多人在生命的最后一刻为他们自己没有做到的事情深感遗憾和悔恨的原因。”[3]

损失厌恶理论也解释了人们为什么不愿放下手头拥有的东西，包括卖掉正在亏损的股票、结束一段令人不满意的婚姻，等等。根据一些研究人类行为中这种现象的经济学家提出的理论：“失败带给人的无比心痛，比胜利带给人的美好感觉更多一些。”一旦我们拥有了某件东西，哪怕只是暂时拥有，我们也往往相信，它比它真正具有的价值更值钱，因此，当我们不得不放下它时，就会觉得更难，心里也更难过。那正是我们不断地“扔好钱追坏钱”的原因，不论是在扑克牌桌上，还是经营一家公司。真正坚毅的人们在类似这样的情形中有能力保持心明眼亮和合理行事，并且能够及时止损、“丢卒保车”，不至于损失掉他们的一切。

你今天失败了吗？击个掌吧

当我们决定冒险时，我们对自己想变成什么人已经选好了立场。美国罗格斯大学哲学教授张美露（Ruth Chang）在一次TED演讲中说，不做出这些决定，将使我们成为心灵的“流浪者”，从来没有真正选择想把自己安放在哪儿。张美露还说，冒险的机会是“天赐良机”。她补充道：“你可能会说，我们成了书写自己人生的作者。”[4]

帮助你在正确的方向中冒险的一种强大方式是了解成功人士经历过的失败。Spanx创始人、亿万富翁萨拉·布莱克利曾使用过这种方法，庆祝她的员工们经历的那些代表惊讶和狼狈的“哎呀”时刻。她还把自己在个人生活和职业生涯中犯过的错分享出来，以便员工知道，有的人尽管犯过错，最后依然完整无缺。她把自己这种开明对待失败的方法归功于她的父亲，她记得自己还小的时候，父亲每天都鼓励她和兄弟姐妹们说出那一天的失败，并且用击掌来庆祝他们的冒险。布莱克利的父亲还教会布莱克利从每次的挫折中吸取宝贵的教训，这使得她确信，人生中并没有不好的体验，相反，所有的失败和挫折出现的那一刻，都是一个“可教的时刻”，会让你更睿智和更出色地为将来发生的任何事情做好准备。和其他许多坚毅的人们一样，布莱克利相信，生活中唯一的失败，是没能采取行动。[5]

美国延住酒店首席执行官吉姆·唐纳德（Jim Donald）则决定鼓励他的员工以一种创新的方式冒更大的险。唐纳德发现，当公司摆脱了破产的境地时，许多员工担心失去工作，因而在工作中避免做出有风险的决策，这样一来，可能使公司付出沉重代价，例如，为了取悦不高兴的客人，让客人免费再住一晚。这种风险厌恶行为，妨碍了公司提出解决问题的创造性方案和在紧要关头时的创新，因此，唐纳德做了件非同寻常的事。他制作了一些小小的明亮的绿色卡片，上面写着："自由逃脱监狱"，然后把它们分发给公司的9000名员工。不论什么时候，只要员工想做出冒险的决定，只需使用那张卡片，并打电话给主管，一切都办妥了。接下来，即使他们最终失败了，上司也不能追究。[6]

练习

开始冒险的一些方式

- 问你自己"为什么不"，不要问"为什么"。坚毅的人不会没完没了地盯着选项，评估和权衡采取行动的利与弊。他们并不冲动行事，但也不会一心想着做出完美的决策或者强迫自己尽可能了解最多的情况，然后才开始行动。我发现，我的有些客户在好奇心、热爱学习、批判性思考等方面的优势行动价值问卷上得分较高，但往往困在自己的思维中忧心忡忡，过度考虑和过度分析自己是否应当冒一次险。经济学家、《魔鬼经济学》（*Freakonomics*）一书的作者史蒂芬·列维特（Steven Levitt）发现，当人们对彻底改变自己以及做出重大改变感到迟疑不决时，也许他们恰好应该这样做。他从20 000个案例中发现，当人们决定做出巨大的改变时，不论是自己做出的决定，还是通过抛硬币做出的决定，他们总会由于那一改变而更加快乐。[7]

- 首先从小的风险开始。我的有些客户取得了令人瞩目的成功，但他们承认自己并不足够坚毅，因为他们总是稳扎稳打，追求别人看来难以实现，但他们觉得没什么难度的目标。如果你因为总是待在自己的“驾驶室”里掌控一切而习惯了当“赢家”，那么，首先开始承担一些可控的风险，让自己对担心、焦虑和愉快等情绪感到适应。剪一次头发，试着换一副全新的面孔。如果你常常对自己购买的所有东西都过度思考，那就不要研究那么长时间，只做出“足够好”的决定。有些教练给客户提出一些身体上的挑战，帮助客户学会怎样冒较小的风险，例如让客户在高难度的陡坡滑雪场中系上一根弹力绳，以免伤害到他们自己，或者参加一些绳索课程[8]。这样做的目的是，如果你可以在身体上的冒险，那就更容易在情绪上冒险。
- 不要把你的目标告诉消极的人。加州大学洛杉矶分校研究人员谢莉·加贝尔（Shelly Gable）发现，假若人们将自己的梦想或在实现目标的过程初期取得的进步告诉消极的人，而不是告诉那些用好奇心和热情给予积极响应的人，可能会使自己放弃目标，特别是第一次告诉那些人的时候。[9]达拉·托雷斯（Dara Torres）曾以41岁高龄夺得2008年奥运会女子50米自由泳银牌，在那届奥运会举办的一年前，她就十分专注地投入训练，并立志成为奥林匹克史上夺得奖牌的最年长选手，因此，从那时起，她从不让自己出现在那些不相信她能成功的人们面前。[10]

练习

“失败”的回报

尽管我们容易鼓励别人冒险并劝他们做好迎接“失败的奇迹”的准备，但真正让你自己做这些，则完全是另一回事。在这次的写作练习中，探索你曾经经历过的某些失败和挫折，包括你从那些失败中体会到的积极因素，比如汲取了经验、建立了新的人际关系、增强了自尊心，或者让自己不再后悔。经常做这个练习，甚至将它变成每日反省的一部分，可以鼓励你记住，我们总在想方设法让自己变得更好，也在竭尽全力让我们看到明天的样子，如果根本不去冒任何的风险，才是我们一生中最大的失败。

第13章 chapter13

谦　卑

几年前，一位成功的企业家——我暂且称他为迈克尔（Michael）——聘请我帮助他。迈克尔在20多岁时就大获成功，设计了一个金融组织体系，把它卖给了一些大公司，赚得数千万美元。他的这一意外收获，使他可以好几年不工作也有钱花，于是，在之后的几年里，他环游世界、投资房产、实现一些儿时的梦想。后来他安定下来，娶妻生子，30多岁时再投入全部的精力创办另一家公司。不过，在这个时候，他却陷入了困境，想看看哪位教练能够帮他，让他理解自己为什么吸引不到合适的人与他一同创业。

他找到我之后不久，我便开始注意到一种可以解释他的问题的模式。我们在打电话期间，迈克尔向我描述那个星期他做了什么，告诉我他对自己的创意有多大的信心，并且强调自己过去已经十分成功了。但当我问他，他向我打电话求助，到底有什么特定目标时，他常常显得准备不足，而且很少请我给他提建议。相反，他自己总在喋喋不休地说，似乎没有察觉他的这种自我陶醉。最后，我问迈克尔，他遇到别人时，是不是通常也这样主导着交谈，是不是在交谈过程中也让别人开口说一说话，或者问一下别人有什么见解。我的提问，总算止住了迈克尔的喋喋不休，但他也把我的话听进去了，因为接下来的那个星期，他坦诚地向我表示感谢。他说，他问了他妻子对我的提问有什么想法，他妻子顿感欣慰地说，总算有人指出他的问题了。

迈克尔在年纪很轻时就取得了巨大的成功，跻身了金融界的最高层，这是绝大多数人无法做到的，而且，大多数人对这个圈子几乎一无所知。他身边的人通常不知道该和他聊些什么，经常是请他围绕金融或业务提建议。结果，迈克尔往往很长时间喋喋不休地说下去，不会有人打断他，他也习惯了这样打开自己的话匣子，不论在什么地方。不管人们是不是同意他的见解，他也很少受到别人的质疑，因为他和别人的交谈，常常是别人请他提供帮助，希望他帮他们做好慈善基金、投资或者其他的交易。

对一个年轻人来说，这种场面令人兴奋，于是，迈克尔渐渐失去了对别人的好奇心，认为自己就是这个房间里最聪明的人，因为大多数人也是这么认为的。遗憾的是，如今，迈克尔和别人打交道时，别人也许一眼就看出了他的傲慢。我和他谈到，一些新的熟人，特别是那些他想与之合作的人，一定感到他在主导着交谈并且很少让他们说话。迈克尔很清晰地发现，他当前面临的困境，部分的原因是他没有让自己听听别人的新想法，没有给别人分享他们经验的机会。同时，他也没能给本想加盟他公司的潜在员工留下好的印象。

值得赞许的是，迈克尔改正了。我们围绕他怎么让这种情况变成了常态以及他要如何清醒地自我评估展开了深入交谈，他决定今后少说多听，于是，他和每个人的交谈（不仅仅是和我）都变得更加愉快了。等到他再回来找我时，我发现他为我们相互的对话留出了空间，让我有机会说出我的意见。同时他还告诉我，他的新公司的前景更加美好了。对此，我并不感到吃惊。迈克尔说，他开始吸引合适的员工加盟公司，那些人真心喜欢他，想和他合作。一年以后，他正式创办了他的公司。迈克尔还发现，当他并不认为自己知道正确答案，而是恳求员工们说出自己的建议，以帮助他做出更优秀的决策时，团队更加和谐了（实际上，是他的所有的个人关系都更和谐了）。

从优秀到卓越

对于研究过领导力或成功的人们来讲，迈克尔的故事的结局，并不让人惊讶。《从优秀到卓越》（*Good to Great*）一书的作者吉姆·柯林斯（Jim Collins）研究了优秀的公司与逐步从优秀发展到卓越的公司之间的差别，结果发现，最为超凡卓绝的公司，其首席执行官往往十分谦卑。这些谦卑的首席执行官和高级领导团队一同建设公司，珍视高级领导团队中的每一位成员，赋予他们一定的自由来取得成功，而且不会把所有功劳归在自己身上。当问题出现，需要谋求改变时，首席执行官能够听从他人的意见，锐意改革，而且，他们的公司也能够基业长青——当他们离任时，公司不会倒闭、垮塌。[1]

在 E. B. 怀特（E. B. White）所著的广受孩子们欢迎的《夏洛特的网》(*Charlotte's Web*) 一书中，有一个令人难忘的场景：蜘蛛夏洛特在她的网上向小猪韦尔伯拼出“谦卑”这个单词（humble）。当老鼠邓普顿问这个词是什么意思时，夏洛特回答：“不骄傲”。但这其实只能算是正确答案的一部分。更深刻地观察谦卑的意义，我们会发现，我们要以两种方式来看待这一品质：一种是社交层面，一种是智力层面。社交层面的谦卑，其核心是指诚实、考虑周全、成熟以及无私；而智力层面的谦卑由好奇心、愿意从他人身上学习、对新理念虚怀若谷等品质构成。社交的和智力的谦卑加在一起，才定义了我们在性格优点的研究中提出的谦卑。[2]

在个人和团队的背景下评估高绩效的公司时，华盛顿大学福斯特商学院开展的一项研究，强调了谦卑作为关键性格要素的重要性——柯林斯称之为 X 因子。意思是说，谦卑的人愿意听取他人意见、承认自身不足，以便学习怎样在将来的工作和生活中更加高效，做到自信而不自负。谦卑可能是企业成功的重要优势之一。[3]同一项研究发现，极其谦卑的领导者下属的员工往往对工作更积极、对领导者的愿景更投入、更加相信和接受领导者的观点与理念。

哈佛商学院院长尼汀·诺瑞亚（Nitin Nohria）也指出，他们学院的研究表明了领导者谦卑品质的重要性。他说，尽管领导者可以采用一系列方法来解决问题，并且各自有着不同的人生观，但是，所有伟大的领导者都拥有一种重要的决定性的个性特点：反省。[4]能够做到思虑周全、吸纳批评性的反馈、对自己和他人保持坦诚，并且透过表面的分析而深入事物的本质，等等，所有这些，使得领导者清晰地、睿智地、有信心地采取决定性的行动。在这么做的过程中，他们一方面示范了高效的领导（尤其是在艰难时刻），另一方面还收获了他人的尊重。

一项研究证实了谦卑对在风险高昂和目标宏大的背景中取得成功如此重要的另一个原因。当人们不觉得自己被别人利用时，相互之间会建立坚实的人际关系，并且更有可能展开合作。一直被人称为“社交润滑剂”的谦卑品质，可以使他人产生这种感觉，减少了以自我为中心的自私行为出现的概率。[5]而且，不但在职场中如此，在运动场和婚姻关系中也不例外。以畅销书《赛艇男孩》（*The Boys in the Boat*）为例，该书详细描述了美国男子赛艇队在 1936 年奥运会上为战胜极受欢迎的德国队而团结一心、奋力拼搏的故事。事实上，赛艇常被称为“终极的团队运动”，因为没有哪一个人可以在艇上胜过其他人；要让赛艇最终冲过终点线，需要的是全体运动员怀着共同的目标，步调一致地集体努力，而不是任何一个人的努力。

尽管这可能有些违背直觉，但拥有谦卑的品质还需要勇气，因为谦卑的人往往勇于寻求他人的反馈，并开明地追求自我提高。事实上，在谷歌公司对其最优秀的主管开展的一项调查发现，最优秀的主管是那些请求他人提出批评意见、随后认真吸纳这些意见并改进自身工作的人。[6]人们还发现，许多一流运动员往往也是最谦卑的竞争者。他们不但从不认为自己一定能赢得比赛，而且还觉得自己有失败的风险，这样的话，他们能从失败中学习，并努力提高成绩。曾研究谦卑品质的贝勒大学心理学系副教授韦德·罗瓦特（Wade Rowatt）说，当运动员尊重他们的对手，并且在比赛中表现得有尊严时，他们总是比其他运动员更好地为比赛做好了准备。此外，他们在退役之后，也由于他们的谦逊而赢得最高的声誉。[7]

人们怎么敢说他们是靠自己成功的

谦卑的人对他们得到的帮助充满感激，不会忘记一路上帮助他们的人。朱尼尔·伯纳德（Junior Bernard）出生在海地，家里有八个兄弟姐妹。据他回忆，他所在镇上的居民个个都很穷，挨饿是家常便饭，“甚至狗都瘦成了皮包骨”。他的父亲靠维修录像机为生，正因为如此，朱尼尔看了一些美国电影的片断，他告诉我，他“总是发现美国人在做一些令人兴奋的事情，比如找工作或结婚。”他开始梦想着有朝一日移居美国，在那里受教育并创造更美好的生活。一次，他在垃圾箱里捡到一本英语词典，于是开始自学英语。他还跟着一些来海地旅游的美国人到处游玩，寄希望他们和他交谈，以便自己更好地练习这门语言。

邻居们和其他孩子由于朱尼尔梦想着逃离这个贫困的世界而瞧不起他，而他在追寻自己梦想的过程中，也充满了许许多多令人心碎的失望。他一位最好的朋友也一心想着离开海地前往美国，结果却沉迷于酒精和毒品中，自甘堕落。他另一位朋友则把他在高中毕业那年报考大学所存的钱全部偷走了，害得他被迫辍学，并且一度陷入绝望，觉得自己再也没办法前往他梦想中的国度了。

后来，朱尼尔遇到了比利·巴尔（Billy Barr），后者是从美国来到海地参加海地卫生基金会志愿服务的，当时，朱尼尔被安排担任巴尔的翻译，时间是四天。巴尔注意到，尽管阳光炽热，朱尼尔每天都穿着新熨的衣服陪在他身边，而且不只是做口译，还不知疲倦地和其他志愿者一道工作，直到衣服被汗水湿透。尽管如此，朱尼尔和当地许多其他的年轻人不一样，从不抱怨或请求特别的帮助。

一天，巴尔把自己的棒球帽拿给朱尼尔，让他遮一遮脑袋，但朱尼尔不肯接受，并说，他的工作职责规定，不允许拿客户的任何东西。巴尔被他深深吸引，于是向与这项慈善事业相关的修女们了解了朱尼尔的情况。听到修女们说起朱尼尔有个到美国去念书的梦想后，巴尔立即写信给他的妻子，看看他们家能不能帮助这个海地孩子。他写道："让一个这么勤奋的孩子由于缺钱而陷入贫困之中，是一种遗憾。"不久后，朱尼尔兴高采烈跟随巴尔来到美国新泽西州；尽管他面临着常人难以抵挡的各种困难，但在抵达美国半年后，他就通过了普通同等学历证书（GED）考试。在准备考试期间，他每天晚上只睡两个小时，有时候就趴在书桌上，压着课本睡觉。后来，朱尼尔继续发奋读书，赢得了艾尔弗尼亚大学一项为期四年的奖学金，鼓舞着每一个听过他的故事的人。人们了解到他对这个国家有着显而易见的热情，也知道了他怎样矢志不渝地追求自己的梦想，最终美梦成真。2013年，他成为发表毕业演讲的毕业生之一，用十分流利的英语劝诫着其他同学心怀宏伟梦想并且坚定不移地追梦。[8]

在接受我的采访时，朱尼尔和我分享了他对谦卑品质的敏锐观察，说实话，他的这种见解，我不但自己从没想到过，也没有听到任何人这么说过。他质疑自从来到美国后经常听到的一种说法。他充满疑惑地评论：“我不能理解，人们怎么能说他们靠自己赢得成功。对我来讲，如果没有那么多的人帮我做那么多的事，我不可能实现自己的任何目标，比如，当我没有东西吃的时候，有人给我东西吃；当我想跟美国人对话的时候，有人给我一份翻译的工作；当我想到美国来读书时，有人把我带到美国，并且让我有个落脚的地方。如果没有别人的帮助，人们怎么可能做好任何的事情呢？你怎么可能仅凭一己之力就使自己获得成功？”[9]

给予者怎样到达成功的终极阶梯

亚当·格兰特是宾夕法尼亚大学沃顿商学院的传奇人物，因为他迅速地取得了终身教授职位（仅三年时间），也因为他运用创新的方法来研究成功和创造力。他的第一部著作《给予与索取》探讨了那些热心的、经常付出的“给予者”最终怎样到达成功的终极阶梯，不像那些“索取者”和“竞争者”最终的那样。可以想见，索取者着重于宣传和推介他们自己，而且会做几乎所有的显摆自己的事情，包括利用他人和在道德上抄捷径。描述这种行为的一个短语是：“上边亲吻，下边踢腿。”[10]

格兰特的书转述了一个有趣故事，故事描述了安然集团的肯·莱（Ken Lay）怎样用自己对接受表扬的渴望而成为索取者及虚假坚毅的缩影。1998 年，一些华尔街分析师参观了安然集团，想看看这家公司是怎样产生利润的。为给分析师们留下深刻的印象，肯·莱在建筑物内专门租了一层楼，伪造一个热火朝天的虚假工作场面。员工们把他们的家庭照片带到这里来，装模作样地打电话买卖石油，故意做给经过这里的分析师们看。

相反，给予者是谦卑的，这也是他们通常成功实现坚毅目标的原因。格兰特描述，给予者是这样一些人：找机会为别人服务，一心想弄清楚他们需要什么，然后尽自己的所能去为他们服务。给予者做这些，不带附加条件，而且，他们这样做，是因为他们相信每个人都应当具备成功必需的各种条件和优势。给予者认为，改变别人的人生，对自己也是有回报的，在帮助他人时，收获的不只是善意，还可以让自己更受欢迎和拥有好名声，所有这些，使得给予者能够积累别人给予的支持，等到他们需要做好某件事情时，或许正需要别人的支持。

研究还支持这样一种观点：傲慢的人，也就是典型的索取者，比给予者更不太可能向别人伸出援手。心理学家乔治·菲尔德曼（George Fieldman）推测了这些研究成果并指出，谦卑的人更清楚自己有何缺陷，也更加体恤他人的感受，因为他们尊重自身的局限性的界限："意识到某人自身的局限，使得人们对其他人的需要感同身受，因此促动了利他的行为，"菲尔德曼说道，"这反过来可能会产生其他方面的好处，因为有可能促动相互的利他行为——如此一来，整个社会都自动地受益于这种利他主义行为。"[11]

过度谦卑

尽管可能令人难以相信，但过度的谦卑也可能像不够谦卑那样不利于成功。我曾为几位首席执行官提供过指导，他们在自己最重要的五项性格优势中确实有“谦卑”这一项，但没有适当地运用，而是故意贬低自己，甚至任凭他们的高级领导团队和员工摆布。我曾遇到过一位年轻首席执行官，让我暂时称他为肯恩（Ken）。肯恩很年轻，不擅长社交，但由于他在技术上十分精明，最终成为一家新公司的老板，不过，他晋升后，不得不听命于权威的意见——投资于这家公司的风险资本家们任命了一批年纪更大的专业人士来担任公司的顶层管理职务。在这种背景下，加上肯恩的性格中另外一些重要优势（包括谦卑、团队合作和公平处事），使得他成了一个任人指责的受气包。

当我第一次参加肯恩所在公司的高级领导者会议时，我惊讶地看到，只要他的团队成员不同意他提出的建议，总是公开地表现不尊重、轻蔑和翻白眼的神情和行为。团队中的成员不等肯恩说完，就会打断他。难怪肯恩让我指导他怎样变得更加“具有领导的威信”！肯恩的种种倾向，例如把功劳归功于其他任何人，就是不归功于自己，在决策时本着“团队合作”的名义频频咨询他人，以及让领导团队的其他成员拿的工资比他自己的都高，以便他们不至于感到“不公平”，等等。这使得在他人眼里，他并不是追求公平，而是软弱无能、优柔寡断、徒劳无益。

肯恩对自己的最重要优势的过度使用，反倒使他变得不快乐、不成功。在接受了我的教练服务后，他开始更好地掌控自己与管理团队的关系，更好地划定了一些促使大家更加相互尊重的界线。我在指导他的同时，还和他的团队中的每一位成员密切协作，这样一来，团队成员之间的和谐得到了大幅度提升。领导团队的会议变得更有成效也更有吸引力，所有成员之间甚至开始表现得友好起来。令人欣喜的是，团队的合作变得更加积极，公司的利润也大幅攀升。

尽管我曾见过不少男性领导者错误地运用谦卑品质，但在女性领导者中，这个问题更加常见，即使谦卑品质并非那些女性领导者最重要的五项优势中的一项。美国《管理学会学报》公布的一项研究证实了这些成果，也就是说，那些承认错误、发现和欢迎追随者的优势、并且示范“可教性”的领导者，往往会带动他们自身的成长以及所领导的组织的发展。该研究指出，这些领导者“示范了怎样做一个行事高效的人而不是完美无缺的超人，而且他们认定，‘变成’而不是‘假装’高效的人，才是合理的，也是正当的。”不过，这里面也有一个问题：谦卑的领导风格常常使得白人男性领导者更加受益，而年轻的、非白人的或者女性的领导者，不见得十分受益。后面这群人报告说，他们不得不经常性地表现出自己的胜任。此外，人们期望女性领导者比男性领导者更加谦卑，这样的话，相当于怀疑女性领导者的领导效能。其中一位研究人员布拉德利·欧文斯（Bradley Owens）指出：“我们的研究成果表明，女性领导者通常陷入进退两难的处境。人们期望她们成为强大领导者的同时，也是一位谦卑的女性。”[12]

谦卑这种品质的价值怎样表现出来，仍是另一个难解的谜题。地处北欧的斯堪的纳维亚国家，其人民的幸福感指数在世界上总是排名第一，而且有着最高的生活水平。这些国家对索取者和自恋的坚毅的流行有一种根深蒂固的厌恶，因为他们奉行所谓“詹代法则”（law of Jante）的文化理念。大约80年前，丹麦小说家阿克赛尔·桑德摩斯（Aksel Sandemose）在描述他儿时就知道的一个社群时，首次提出了这种避免自我宣扬和个人浮夸的理念。在他描述的那个社区，个人的成长取决于他带给社区中每个人的好处。“詹代法则”包括10条原则，可以用一句话来概括：“不要以为你比我们（指一个集体）更优秀。”如今，詹代法则被许多丹麦人视为对经济冒险行为和过度自信行为的一种积极的中和，但许多斯堪的纳维亚人也开始把它当成是阻碍创造性与勤奋的障碍。[13]

虽然谦卑明显有它的好处，但是，詹代法则以及其他相似的现象表明，被迫的谦卑也有其黑暗的一面，并且可能扼杀卓越。例如，澳大利亚人发明了“高大罂粟花综合征”（tall-poppy syndrome）这个新的名词，用以描述铲除被认为过于成功或出众的人们的倾向，就像把高大罂粟花割去，使整片罂粟花看起来高矮平整。一些丹麦领导人越来越公开反对长期存在的詹代法则及其社会影响。正如丹麦著名评论员尼尔斯·利勒隆（Niels Lillelund）指出的那样：“在丹麦，我们不鼓励人们具有发明精神，不鼓励人们勤奋刻苦，不鼓励具有首创精神的成功人士或杰出人士；我们制造了毫无希望、毫无帮助的、神圣的庸才。”[14]

在美国，一个最近的例子显示了传播被迫的谦卑并且根本不鼓励学生刻苦学习和追求卓越的现象，那便是：某些高中开始禁止毕业生佩戴杰出成绩的勋章，以便让所有毕业生都产生平等的感觉。我之前讨论过这种现象。例如，2016年6月，位于得克萨斯州达拉斯市富庶郊区的普莱诺高中规定，即将毕业的高年级学生不能佩戴与众不同的美国国家荣誉生的徽章，因为当其他学生发现他们的成绩突出、社区服务出色时，会觉得他们“十分特别”。[15] 我注意到，许多学校甚至更进一步，要么不再指定告别演说者，要么增加告别演说者的人数，每个班指定多达几十人作毕业告别演说。北卡罗来纳的一个学校董事会批准了这样一个方案：取消学生成绩卡上的字母记分，改用“优等”（cum laude）之类的拉丁符号。其原因？学校董事会说：“竞争是不健康的。”[16]

另一种类型的谦卑听起来也不是真实可靠的，那便是虚假的谦卑，也被称为“谦卑的自夸”（humblebragging）。每每在脸谱网上看到这些例子，我都忍不住发笑。它们中有些是关于某个人好运气的声明，比如“请在我参加《今日》节目时为我祈祷吧，因为我真不知道，他们为什么选择我写的书作为缓解职场压力的指南”。有些则看似不经意地宣告自家孩子取得的成就，比如“没想到我儿子今天当了一回救生员，他在泳池边吃午饭的时候，恰好救了另一个孩子的命”。

真正的谦卑

在儿童读物《金发姑娘和三只熊》（*Goldilocks and the Three Bears*）中，有这样一个场景：金发姑娘进入到三只熊的房间，先后吃了它们的粥，坐在它们的椅子上，睡在它们的床上，当她吃到第三只熊的粥并睡在它的床上时，情不自禁地称赞：“这才恰如其分！”。随着我仔细斟酌关于谦卑的研究的成果、这种品质的过度运用及运用不足的情况，以及谦卑在培育真正的坚毅品质时的作用，我发现，要体会谦卑的所有益处，也得让它“恰如其分”。

出于正确的理由而谦卑，并且恰如其分地表现谦卑，就是真正的谦卑，而当它还伴随着好奇心、宽宏大量、乐于接受批评的反馈以及成长的意愿时，谦卑能为坚毅品质的培育添砖加瓦。有了这种真正的谦卑，你会尊重你面前的挑战，并且做好准备接受他人的指引。在对待挫折时，你不会耐不住性子，而是充分理解你自身的局限，也知道自己渴望变得更优秀。你不再害怕脱颖而出，但也不会想着法子出风头和膨胀内心的自我。最后，你懂得成为榜样的严肃性，但你会不声不响地戴好皇冠。

培育谦卑的方法

- 如果你倾向于拍摄许多自拍照并把它们贴在社交媒体上，那么，暂停一周或更长时间，认真细致地审视你的感受。一项研究发现，经常“晒自拍”并更新自己的动态的人们，在归属感和人生意义等指标上的得分较低，而且可能感到他们的自尊随着别人的喜欢程度而起起落落。[17] 如果你必须登录社交媒体，那就贴一些宠物的照片、朋友的照片以及风景照，研究发现，这会使人们更加喜欢你。
- 设立一个目标：至少在一天之中不谈论自己，而是对其他人及其目标感到好奇。鼓励他们告诉你，他们取得成功最需要些什么，看看你是否可以帮他们。换句话讲，变成亚当·格兰特在《给予与索取》中描述的那种“给予者”。

- 在努力实现你的目标时，从在这件事情上比你做得更优秀的人那里寻求批评意见。不要问那些只想取悦你并抚慰你的自我的人们。听一听那些能以有意义的方式提升你的技能的特定建议。
- 对曾经帮助你实现某个重要目标的人写一封真诚的感谢信（或者，如果你肯定会做的话，写封电子邮件）。谦卑的本质是知道谁对你的成长有益，并且以合适的方式来致谢这些人。表达感激的好处是，它还能够提升幸福感，而幸福感的提升，是所有成功的前兆。

练习

夸夸别人

真正坚毅的人们最棒的一项优势是，他们通过慷慨大方地支持其他人，架设起与他们沟通的桥梁。要想变得足够谦卑，夸一夸别人的成功，找出他们实现了什么、怎样做到的，然后把这些讲给其他人听。当我们对别人的好消息感到兴奋和好奇时，这称为“积极的建设性的回应”，而当我们把他们的好消息分享出去，并且鼓励他们“重播”一次他们的成功时，那么，我们是在帮助他们“充分利用”他们的成功，这能够进一步增进幸福感。因此，如果你的技能组中还没有“夸奖别人的成功”这项技能，学一学怎么做。

采访一下某个人，让他谈一谈什么是他最大的成就。花些时间思考，为什么这对他是有意义的，他运用了哪些优势，以及他取得成功之后发生了什么。用“什么”以及“怎样”等词来提问，尽可能深入地探究。然后，把这个人的故事跟其他人分享，并且把你自己当成信使，留心当其他人看到这个人的成功时，你自己是什么感觉。你是不是难以和别人一同分享这种美好时刻？为什么或者为什么不能？当你在宣传别人时，你有没有体会到一种幸福感？你还体会到其他什么感觉？

第14章

chapter14

坚持

唐龙武术学校（The Tong Leong School of Martial Arts）是美国马里兰州贝塞斯达的一个富有社区中的一所武术学校，很多人猜想，它也许是这里最后一所这样的武校了。在贝塞斯达，大部分年轻人习惯了在高质量的学校里过着安逸的生活，拥有一流的体育运动机会，并且有着光明的未来。在如今随处可见的“山寨道场”里，只要你肯花钱，或者在不同级别中花几个月时间练习，道场就能为你提供黑带，但唐龙武校不一样，你得用好几年时间刻苦训练，才能赢得黑带，而且，要练习多久才能达到这个级别，并没有固定的时间期限。这是学校有意设置的。

唐龙武校的创始人兼校长保罗·托马斯是

位高级别的黑带选手，练习武术长达35年。他年轻时居住在美国新泽西州珀斯安博伊市杂乱的邓拉普和德莱尼公寓。尽管托马斯被生父遗弃，但他和母亲、继父幸福地生活在一起，他是我们研究坚持不懈并最终获得回报的经典范例。

11岁时，托马斯在上学之前要先沿着送报纸的路线把报纸送到订户手中，因此，对他来说，不知道不刻苦努力是什么样子——而且，他只在完成任务之后才会停止。到了十几岁时，他央求母亲让他同时干好几份活，比如在影剧院打工、在喜来登酒店布置宴会厅、到红龙虾餐馆当侍应生、打扫停车场，等等。尽管如此，他的成绩从来没有下滑过，而且在高中期间成为一位广受欢迎的从事三项体育运动的明星运动员。

托马斯的父母也没日没夜地做好几份工作（他的继父是一名维修工，他母亲从事一系列的工作，包括管理应收账款和社区的活动），两人也是坚毅的典范，而且从不抱怨。到了晚上，当他们开始打扫附近的办公楼，以便挣些外快时，托马斯坚持要去帮他们。每次他父母把他丢在一幢大楼里，转而去打扫另一幢时，他有意观察自己能够多快地完成父母分配的这幢大楼的任务，以便一家三口能够尽快做完。

21岁那年，托马斯的女朋友塔尼塔怀孕了，于是他工作更加卖力，以便父母不必为他这份新的责任操劳。尽管他和女友经济拮据，赚钱的机会也不多，两人还是搬到了他们自己的公寓。他在监狱系统找了份好工作，不但一有机会就加班，还极力省吃俭用，以便小两口能够靠自己过日子，而且让他们刚出生的女儿将来能过上稳定的生活。

渐渐地，托马斯的好名声传开了，人们知道他既是位训练有素的员工，无论他做什么，只要一开始做，便会把事情做好，还是一位健身达人，赢得了国家级的健身比赛的冠军。他参加的健身比赛，不允许任何参赛者服用类固醇或其他改善成绩的药物。最后，他开始当起全职教练，接着被贝塞斯达的一家国会乡村俱乐部聘用。贝塞斯达是美国高尔夫公开赛的举办地，也是众多总统、名人和商界巨头们的练习场。在那里，托马斯建立了一个训练营，渐渐地成为他们的健身中心里最受欢迎的训练营。

尽管托马斯不难解决自己的财务安全问题，也不难保住自己已经赢得的荣誉并简单地维持自己的现状，但他还是开始着眼于传播从武术中学来的人生经验。他这么做，一部分的原因是武术为他的人生奠定了很好的基础，另一部分原因是他生活的地方真正需要一种价值观，而这种价值观也正是习武时离不开的。在他看来，正是练习武术，使他提升了自己的毅力，锻炼了自己的坚毅，从而给他带来这么多积极的结果。

如今，在托马斯的两个半小时的训练课上，四位男学员和一位女学员挥汗如雨地埋头苦练，而他则对学员们强调着纪律和基本动作。他一会对某位学员说："把身子站直，那是你的基础。"一会又对另一位学员说："脚尖朝外。好的，再来一次。"学员们听到后，总是先说"好的，先生"，然后再恭敬地鞠一躬。这样的情形，每天要出现数百次。后来，托马斯向我解释，他确立的真正的目标，和他的武术一样严格，那便是：告诉人们怎样将武术融入他们生活的方方面面。

托马斯解释道："这将使你的自律、专注和毅力上升到另一个层次，而那正是我以往常常从我的项目中收获的东西，也是我实现目标需要的东西。武术让你谦卑，教会你人生道理：虽然你的级别可能上升，但级别不如你的某个人，也许在某件事情上比你更优秀，你可以从他身上学习。而且，你绝不能到此为止——正如在生活中那样，你不能因为某件事情难做就放弃。”

研究人员发现，托马斯的成功秘诀，恰好是当你胸怀宏伟目标，需要坚持不懈时能使你有效地坚持下去的东西。他的目标是从这项运动中学习，并且使自己搬离贫困地区，这个目标是他在年轻时确定的。当年，他母亲开车载着他参观了艾斯拜瑞公园市那些大房子。托马斯回忆：“我看到她眼里闪烁着光芒，我知道，她也和我一样，梦想有朝一日自己能住进这些房子。她确信，看到这些东西后，我会激起我的斗志，并让我知道我可以为什么而奋斗。她还带我去过北卡罗来纳州的海洋。在我原来生活过的地方，没有人看到过海洋！我母亲善于交朋友，各行各业、各种肤色的人都把她当朋友。她曾告诉我，不论你的出身背景如何，都可以和任何人建立关系。在母亲的言传身教下，我学会了奋力拼搏和永不放弃，而她则确保我的身边都是那些练习体育项目和武术的人们，他们教会我许多的生活技能，让我成为一个可以带着尊严和谦卑而独立生活的人。”[1]

向着美好奋力前行

为什么像保罗·托马斯这样的人能够找到成功之路，并且奋力朝着个人目标迈进，不论他们出生时是不是具备跟贝塞斯达这个地方的孩子同样的优势？这是许多哲学家、心理学家和励志演说家数百年来一直研究的一个问题。1907 年，心理学家威廉·詹姆斯（William James）呼吁他的同伴们着重研究，为什么有的人能够比别人在成功的路上走得更远，而另一些人就是没能充分发挥他们潜在的优势而走向繁荣。詹姆斯在《科学》（*Science*）杂志上对他的同伴写道："我们每个人通常都在他自己的局限范围内生活；他拥有各种各样的力量，只是习惯性地不去运用这些力量。他并没有最大限度地投入自己的精力，而且，他的行为和表现，也达不到最理想的状态……这是一种习惯，我们习惯了不表现出最好的自我。这很糟糕。"[2]

积极心理学研究者克里斯·彼得森喜欢说的是，成功人士善于"向着美好奋力前行"。[3] 我们都知道，生活充满了挑战，尤其当我们设立了宏伟目标时，脚下的道路更是崎岖，但是，将那些不具备坚毅品质的人们与真正坚毅的人们区分开来的，是能不能集中精力，保持定力，或者充满热情地努力拼搏和克服困难，也就是说，能不能向着美好奋力前行。[4] 因此，如果你想培育坚毅品质，但你走不出自己的舒适区、承受不了失败、无法延迟满足，那么，很有必要想办法让自己做到这些。

在安吉拉·达克沃斯对坚毅品质的研究中，一项最有意思的发现是，极其坚毅的人们，和那些并不十分坚毅的人们一样，也讨厌刻苦工作。极其坚毅的人们只是认为，刻苦工作是他们达到自己的目标必须付出的代价，因此，他们想办法让自己埋头苦干。正如已故拳王和人道主义者穆罕默德·阿里（Muhammad Ali）说过的那样："我讨厌训练时的每一分钟，但我对自己说，'别放弃。

现在的痛苦，换来的是将来夺得冠军后的安逸生活’。”达克沃斯对全美拼字大赛决赛选手的研究发现，那些在拼字比赛中走得最远的男孩和女孩，并不是在电脑上玩拼字游戏或者解答父母出的难题的孩子，而是那些花时间独自学习单词及其词源的孩子。这些表现优异的孩子只接受这样一个事实：熟练掌握单词，意味着有些时候他们只能将自己孤立起来，按照学习指南认真学习，并且连续几个小时心无旁骛地记单词。

鲍勃·鲍曼（Bob Bowman）是泳坛名将迈克尔·菲尔普斯唯一的游泳教练，他喜欢对别人说，菲尔普斯传奇般的经历，没有秘密可言。他说，从 12 岁开始，一直到 18 岁，菲尔普斯从来没有缺席过泳池中的训练，这为他“每天的卓越表现”奠定了基础，没有任何捷径可言。[5] 菲尔普斯和其他的冠军选手经常出现在冰冷的泳池中，上午、下午和晚上都在惩罚式地训练，从来没有表现过“自恋的坚毅”，为此，在 2016 年里约奥运会前夕（毫无疑问，这将是菲尔普斯的最后一届奥运会），高端体育品牌安德玛（Under Armour）播放了一系列广告，其中有一句广告语：“这就是你在黑夜中奋斗后走进光明中的样子。”[6]

拖延以及解决问题的许多方式

在朝着目标奋斗时，坚毅的人们要做的一件事情是学会怎样克服拖延，这个问题在最近几十年来进一步加剧，原因是五花八门的高科技产品正以各种各样的方式引得我们分心。拖延的定义是：“自愿地延迟某一行动，尽管可以预测将来会产生负面的后果”。许多研究人员对它进行过研究，以求理解它怎样发生以及可以做些什么来克服它。[7]

克服这种障碍的一种最简单的方法，也是许多人发现奏效的方法，是在内心坚定地认为，任何的延迟，都不在考虑之列。我至今仍记得多年前我第一次了解到这种方法时的情形。当时，记者在采访一位成就突出的瑜伽教练，记者问她，怎么做到不论生活中发生了什么也数十年如一日地每天坚持练习。她回答道：“我不允许不练的念头闪过我的脑海。”

“执行意图”（Implementation Intentions）也是对抗拖延的一种有益之策。它由研究人员彼得·戈尔维策（Peter Gollwitzer）首次提出，也被称为“如果-那么”计划，就是运用环境的提示来触发积极的行为。[8]例如，“现在是下午五点，我要去遛狗”，或者“我只要穿好了运动鞋，就得在五分钟之内走出家门”。这些“如果-那么”计划使你更有可能朝着你的目标一步一步迈进，因为你已经事先和自己订立了协议。类似这样的“行为契约”也能克服拖延，因为它们节省了你的心理能量。如果你想着“我是去做还是不去做？”，就会消耗你的心理能量，而且为拖延或者不去做你已经打算做的事情打开了大门。

加拿大卡尔顿大学拖延研究小组负责人蒂莫西·皮切尔教授（Timothy Pychyl）多年来一直研究拖延并为之著书立说，他说，拖延的核心，是在应该行动时对自己内心在那一刻产生的“要让自己感觉好”的冲动让步，但问题在于，这种行为是性格的失败，日后会让你感觉更糟糕，并且让你坐立不安。对有些人来说，做一些体育锻炼而不是聚焦于当前的任务，是一种临时的缓解，称这为“精神补偿”，因为尽管它们实际上做了一些积极的事情（在那一刻让你产生了较好的感觉），但仍在阻止人们去完成手头艰难的任务。[9]

人们拖延的一个重要原因是所谓的“预期的麻烦”，意思是说，根据我们的预料，着手某项任务，要耗费比我们当前有的更多的时间和精力。[10] 克服“预期的麻烦”，最成功的方法是设置一个计时器，让它告诉你，你得在十分钟内着手完成任务。这个十分钟，几乎一定能让你渡过难关，并使你朝着正确的方向前行。

在你很想推迟某件事情时，另一种让你立即着手去做的方法是，让你自己觉得，拖延反而比马上去做更难一些。这基本上相当于，在你想节食时，把馅饼放进橱柜里而不是把它摆在一眼就能看到的地方。作家们对拖延现象十分熟悉，通常称之为“写作的障碍”，其解决办法很多，有的甚至已经流传了几个世纪——包括维克多·雨果（Victor Hugo）采用的方法：他在完成每天的写作任务之前，先把自己穿出门的衣服锁起来。[11]

研究拖延这个主题的皮尔斯·斯蒂尔（Piers Steel）和亚历山大·罗森塔尔（Alexander Rozental）两位研究者还提出了另一条建议：着眼于未来，并且生动鲜活地想象自己已经实现了目标，从而把注意力集中在你完成任务时感受到的所有积极情绪上。这种方法之所以有效，原因在于拖延往往是“一时的短视”，也就是说，拖延者常常无法为实现长远目标而做出有效的计划，因此，让他们想象未来的情形并考虑达成目标后有望产生的积极情绪，战胜了任何想要拖延下去的冲动的决定。[12] 美国最杰出的长距离自行车运动员玛丽亚·帕克（Maria Parker）提出了克服拖延症的另一种方法，那就是每次确定一个看得见的小目标，实现了这个目标时，自己在内心小小地庆祝一下，然后再盯着下一个小目标，实现了之后又庆祝一下，如此循环往复，使自己能够不间断地坚持下去。她告诉我："我就是为自己确定小小的目标，好比对自己说，马上就要抵达下一条街的人行道了，等我骑到了那里时，我会说'太棒了'或者'好啊！继续加油吧'。"[13]

所见所闻对我们的影响

心理语言学领域的研究人员研究了语言对我们的态度及行为的影响。来自这一领域的一项研究表明，仅仅是听到一种游戏的名字，也能产生强大的影响，因为和那些玩"社区游戏"的人们相比，玩"华尔街游戏"的人们显得缺乏合作精神。[14] 一项体育心理学的研究发现，当某人的大脑被"我不行了"或者"我不能再往前走了"的念头占据了的那一刻，身体也会产生相应的反应，因为身体要等到大脑向其发出了信号，才会做出反应。[15]

人们通常认为，十二步骤会议中的标语使用的措辞，有助于酗酒者和其他上瘾者坚持每天的战斗，以防自己在戒除酒瘾和其他嗜好时放弃。许多参加十二步骤计划的成员都听说过"一天一次""保持感恩的心态"和"不着急，慢慢来"之类的说法，在他们很想步入歧途时，这些短句子既容易记住，也易于执行。很多人引用《圣经》中的句子和其他的励志短语作为保持他们情绪坚毅的格言。我在采访一些坚毅品质的典型人物时，最常听到的一些句子包括，“我虽在死亡之影的谷中行走，却不惧怕灾祸”（《诗篇》第 23 篇）；“在试验中坚持不懈的人是有福的”（《雅各书》第 1 章第 12 节）；以及“忘记背后，努力面前，向着标杆直跑，为获得上帝在天堂中以耶稣的名义召唤我而设的奖赏”（《腓立比书》第 3 章第 13～14 节）。

我曾看过一个关于某职业篮球运动员的故事，非常感人。他的未婚妻不幸自杀，他万念俱灰之下选择了退役，并将自己关在家里，几个月不出门。他担心自己再也无法重新燃起对生活的激情了，但在认真研读了《圣经》之后，终于有一天意识到，许多励志的故事中都包含“站起来”（Get up）这个短语。于是，他的内心不再受抑郁的控制，并且最终“站起来”，回归正常生活。[16]

还记得我们在本书中介绍过的卡萝尔·德韦克对孩子们的研究以及对固定心态与成长心态的阐述吗？我们讲过，成长心态在坚毅的人们中最为常见。后来，德韦克将她的研究再进一步，结果发现，人们在面对挑战时，使用“还没有”（yet）这个简单的词，能够产生更强的毅力。如果你告诉一个孩子，他“还没有正确地解答这些数学题”，那么，仅靠“还没有”这一个英语单词，就足以让他想到，他最终能够解答出这些难题。德韦克发现，“还没有”开阔了孩子们的眼界，让他们看到一个不同的无限的未来，孩子们听到这个词的时候，不但变得更坚毅了，也对这个充满希望的未来更有热情，变得更有创造力。如果“还没有”这样一个单词就可以改变心态，想象一下还有多少别的词和短语能够发掘人们的坚毅和毅力！

积极的词汇能够产生强大的力量来造就积极的结果，同样的道理，如果你让消极的对话充斥在脑海中，则可能在你尚未开始时就破坏了你的最大努力。有一天，我聆听了高尔夫球坛传奇人物杰克·尼克劳斯（Jack Nicklaus）发表的演讲，他在演讲中提到了自己不得不在恶劣天气下打球的经历。他发现，许多人在谈到天气时的心情，最终可以预测他们那一天在球场上的表现。尼克劳斯说："如果我听到他们在抱怨，那么，我就在心理上将这些人划掉，然后对自己说，'嗯，他们今天的表现就到此为止了'。"㊀

我的一位客户是一家汽车经销商的顶级销售员，他告诉我，不论什么时候，只要他看到人们成群结队地聚集在餐厅或者饮水机旁，他就本能地不往那些地方去。他说："这些人在那样的情境下聚集到一起，总是不可避免地发牢骚，因为人们心情不好的时候，总是想找伴，我可不想被任何消极的感觉或言语影响了，那会使我做不成销售业务。"他说得对。还记得我此前提到过的研究吗？那项研究表明，即使你只是无意中听到了一些人充满消极语言的交谈，也可能改变你的心态。显然，控制你的思维以及你大脑中的一些东西，是变得坚毅的关键。好在这些技能是每个人想学的时候可以学习的。

㊀ 在2016年美国公开赛期间，杰克·尼克劳斯发表了他的这番评论，当时，由于下雨，比赛被迫推迟，而且使得球场泥泞不堪，几乎不能比赛了。尼克劳斯说，根据他自己的经历，如果一位球员抱怨天气，那么，在那一刻，他们的内心已经不在这场比赛上了，而且可能不再是一个引起其他球员考虑的竞争对手了。——译者注

装得“好像”：角斗士、篮球吉祥物和战斗准备

几乎人人都认为，美国的橄榄球比赛需要球员们运用各种坚毅品质。在这种环境下，你要尽最大的可能保持警惕、适应球场并且充满决心，因此，球员的心态发挥着巨大的作用。前卡罗来纳黑豹队的角卫、如今已转会到华盛顿红人队的约什·诺曼曾以一种富有创意且妙趣横生的方式来应对这一现实。他在比赛开始几天前，会花好几个小时思考自己将在球场上扮演什么角色。他决定自己要表现得像某场电影中的超级英雄或勇敢角色那样，然后去学唱电影的主题歌、背诵电影的台词以及其他的材料，尽可能多地吸收相关的信息。

例如，在一场比赛中，约什·诺曼假装自己是电影《角斗士》中罗素·克劳（Russell Crowe）扮演的马克西姆斯（Maximus），甚至在打了一个好球后，假装骑在马上（为此，他被罚了款，理由是过度庆祝）；还有一次，他觉得自己就是电影《特洛伊》中的阿喀琉斯（Achilles）。对手们永远不知道他会扮演成什么英雄人物，这让他们无法与他抗衡，与此同时，为使每一场比赛都充满新鲜感，约什·诺曼总是把他的热情和激情带到比赛场上。[17]

诺曼的行为，类似于那些通过“假装好像”而说服自己去做艰难事情的人们。我记得我还只是合气道武术班上的一名白带选手㊀时，武术班的大师教育我们，所有人要“像黑带选手一样走路”㊁，因为这将加快我们在训练中的进度。我在十二步骤计划中

㊀ 指初学者。——译者注

㊁ 黑带指最高级选手。——译者注

第一次克服自己的暴食症时，教练也向我们传授同样的策略。教练对我说，不论什么时候，只要我不确定如何应对某种场合（比如婚礼，在这些场合，有时人们会把蛋糕硬塞到我手里），那就“带着你的身体，心灵自然会跟随”。我假装自己“好像”是一个已经恢复健康的暴食症患者，然后向我的心灵承诺，我会把自己看成已经恢复健康的人，这给我带来了一些重要的有益的结果。接下来我发现，这种做法不但奏效了，而且还在另一些困难局面中继续奏效，在其中，我假装自己具有了我想让自己拥有的性格优势。

大约十年前，我收到丈夫送给我的一件礼物，这也是我有生以来收到过的最好的礼物：一次在马里兰州立大学篮球比赛上扮演乌龟吉祥物的机会。我知道，并不是每个人都对这样的机会感到兴奋，但我在穿着乌龟服装时，真的是兴高采烈，而且，这次的经历让我备受启发。因为在服装的掩护下，不论我想做什么，都能够自由地做，于是我发现自己的举止时而可笑、时而自然、时而离谱，总之，随便我想怎么就怎么。我跑到观众中间，拍一拍那些秃顶男人的头，然后看到他们身边的每个人都在咯咯地笑。我还跑到拉拉队员中间，在她们正跳着精心编排的舞蹈时，我也手舞足蹈，并且热情地摇动着身上的“大龟壳”。如果我们都能试一试我们渴望体验的那种个性特点，既没有太多不好的地方，又风险可控，会是怎样一种情形？

一系列领域中出现的全新的虚拟现实项目，正在以这种方式帮助人们改变对刺激的反应，支持他们在压力之下或者在必要之时以最理想的方式来唤起自己的行动，助推自己在逐梦路上取得成功，不论他们对身边发生的事情产生了什么感觉，也不论他们身边正在发生什么事情。例如，南加州大学创新技术学院创建了一个称为STRIVE的项目㊀，以帮助战士们做好战斗部署的准备。战士们在安全环境中体验创伤性的事件，并且在教练的引导下度过对压力的情绪反应，以此培育抗逆力。[18] 我对未来的一个设想是，虚拟现实的游戏将使我们“尝试”某些有助于我们变得更加坚毅的行为，而且，我们在生动鲜活地体验那些情景之后，能以更大的耐心、更强的意志力、更高的热情和更坚定的决心回归到现实生活之中。

人生失败后用《哈利·波特》助推前行

坚毅的人们通常不屈不挠，因为过去的失败让他们无法释怀，并且推动着他们前行。这种现象称为“差一点儿就成功的心理学”，研究人员发现，追求某个目标并越来越临近，但实际上并没有实现，往往会激发奖励加工系统。[19] 因此，失败不会让坚毅的人们在未来的风险面前退缩，反倒是他们在追求某些宝贵目标但“差一点儿就成功”时，能使他们更加不屈不挠地朝着目标奋力前进。这也许解释了为什么如此多的企业家在创办第一家公司（或者更多的公司）失败后，反而从失败中汲取了智慧和耐心，最终在创业路上取得成功。有句老话说得好：“如果一开始你没能成功，那就再试一次！”这项研究为这种说法提供了实证支持。

㊀ 指虚拟环境中的应激弹性，英文名为Stress Resilience in Virtual Environments，其首字母缩写是STRIVE，这个词的字面意思恰好是“奋力拼搏”。——译者注

在 2008 年哈佛大学毕业典礼上，J. K. 罗琳发表的一场如今已广为人知的演讲，她在演讲中告诫毕业生们“失败的好处”。曾几何时，大学毕业七年后的她，遭遇了“史诗级的失败”，她的婚姻破裂、带着一个襁褓中的孩子、生活没有着落、近乎无家可归。尽管如此，她和其他一些在面对挫折时不屈不挠的坚毅的人们一样，把失败当成激发她最终追求自己真正热情的机会，而她真正的热情是写小说。罗琳回忆道：“我对自己卸下了伪装，开始把我全部的精力投入到对我来讲唯一一项十分重要的工作中去。假如我确实在别的事情上取得了成功，那我可能永远不会找到在我认为自己真正属于的某个领域内取得成功的坚定决心。我解脱了，因为我最害怕的事情已经来了……因此，生活的谷底，反而成为我重新塑造新生活的坚实基础。”[20]

早起鸟和夜猫子

坚毅的人们抓住每一个机会使自己变得卓有成效。他们不仅克服拖延、在必须奋力拼搏的时候全力以赴刻苦工作，并且从挫折中学习；他们还从过去的经历中学习，了解自己最擅长哪个领域以及怎样发挥自己的特长，并想方设法使自己变得最为高效。怎样做到最高效？这些人采用的一种方法是，不把时间浪费在当自己的身体和大脑并未处在最佳状态时去做某件事情并企求成功。

丹尼尔·卡尼曼（Daniel Kahneman）因在行为经济学上的研究而赢得 2002 年度诺贝尔奖，他研究了所谓的“日间节律”，探索人们在一天中的不同时刻的感觉，以及他们的感觉怎样与一天中的实际时刻相互关联。[21]他发现，虽然我们在早晨的时候感受到最多的负性情绪，但那个时刻，也是我们感到最为胜任和精力最充沛的时候。到了正午时分，人们胜任工作需要的情绪及精力达到顶峰，接下来这些情绪会逐步下降，一直降到人们睡觉时分。因此，许多高成就者往往早起，也就不足为奇了，人们对一些首席执行官的研究，也发现了这些现象：绝大多数首席执行官都是“早起的鸟儿。”[22]

在专家级的绩效方面开展研究的最著名研究者之一的安德斯·艾利克森（Anders Ericsson，一万小时定律的提出，也归功于他㊀）曾对一些杰出的小提琴家进行过研究。那些小提琴家告诉对埃里克森，他们也会在早晨进行最艰苦的练习，之后再休息一下。过一会再投入到练习之中，等到吃完午饭后，又投入到练习，然后再进行大约四个半小时专注的练习，最后结束一天的训练。他们通过短暂的午觉和其他的刻意行为（包括吃饭）来恢复自己的精力，这一研究成果，也在对国际象棋选手、运动员、科学家、艺术家和作家等群体的研究中得到了体现。[23]

在短时间内全力投入工作，不仅仅有益于付出最大的努力。丹尼尔·科伊尔（Daniel Coyle）在他的著作《一万小时天才理论》（*The Talent Code*）中写道，他发现这种方法与神经鞘中的髓磷脂浓度下降有关，正是通过髓磷脂浓度下降，我们才学会某些行为，并将其内化于心。当我们以明智的、毅然决然的、专注的方式致力于成功实现小小的目标时，我们的神经鞘将在身体内开辟一些

㊀ “一万小时定律”是指不管你做什么事情，只要坚持一万小时，基本上都可以成为该领域的专家。——译者注

通道，使我们更容易记住和重复那些行为，使之成为我们自动的习惯。

警惕酒精这个恶魔

此前提到过的《颠覆人生》一书的作者、被选入国际泳坛名人堂的卡琳·派普斯告诉我，只要她面对一项挑战，也就是一件难事，她的第一个心理反应总是这样的：“不。我不打算做这件事。”但从她开始戒酒以后，到了 31 岁的年纪，她可以听到自己最初说出“不”之后，有个小小的声音在插话。

她说：“我仿佛听见一个很小的声音在悄悄对我说，‘你能做这件事。你怕什么？是什么造就了今天的你，卡琳？’遇到这些挑战时，我感觉我的脑袋裂开了，我必须像补一口破锅那样，一块一块地把它补起来。”她补充道：“我总是想到了‘我要做’，但这个过程很慢，一次只想到一个词。而当我在买醉时，每喝一口酒，就想到一个‘不’字。不过，如今我把自己看成是一团可塑的粘土，如果我不把自己放到火上去烤，永远也不知道我能够变成什么样子。”[24]

围绕酒精对毅力的破坏，派普斯提出了一个重要观点。正如本书前面的内容中提到的那样，罗伊·鲍迈斯特关于自我调节的研究发现，酒精是实现目标的头号敌人，因为它为自我毁灭行为扫清了所有障碍。[25] 有很多次，我的一些客户告诉我，他们一生中某些最痛悔的事情来自酒精，而他们让自己沉迷于酒精，付出的代价是：酒精偷走了他们的主动性、意志力和决心。当我的许多客户在追求宏伟目标时，他们选择有意避开酒精，想看一看这会不会有什么不同，结果却总是不同。假如你在必须对自己说“不”的时候做不到，那么，设立正确的目标、培育正确的心态，并且做好让自己坚毅起来的所有准备工作，全都会变得毫无意义。

蔡格尼克效应

坚毅的人们在工作时激起蔡格尼克效应（Zeigarnik effect），意思是说，他们总让一些未完成的目标推动自己继续前行。这一理论由研究人员布鲁玛·蔡格尼克（Bluma Zeigarnik）提出，她注意到，餐馆中那些仍在努力替顾客点菜的服务员，总能回忆起那份菜单的细节，而已经帮顾客点完菜的服务员，却无法回忆起他们刚刚交给其他工作人员的菜单上的细节。后来，蔡格尼克通过无数次的试验，进一步优化了这些最初的观察，并最终总结道，在自己的思维意识里将某一目标标记为“完成”的人，接下来就不会有强烈的动机继续朝着实现那个目标而努力。不过，那些绝不放弃自己的目标的人们，则总有些什么事情萦绕在自己的脑海之中，无论是他们在努力想出怎样解决某个问题、寻求适当的资源，还是寻找新的成功之路。[26]

有人一度向我建议，假如我在写作过程中要休息，把某个句子写到一半的时候停笔休息，那么，等我再度回来继续写作，会更容易继续写下去。我不知道那是否有益，但当我了解了蔡格尼克效应时，忽然意识到，作家运用这个小窍门，不但防止他们需要重新组织自己的思考和综合前一天的信息，还让他们做好准备继续投入写作之中。此外，这也是一个有助于避免拖延的好诀窍，因为这样一来，我们在开始时遇到的所有障碍，全都被消除了。

为什么蔡格尼克效应在那些对自己的长期目标充满热情的人们身上尤其显著呢？第一，当你在内心强烈地追问“为什么”要做某件正在做的事情时，而且，由于某件艰难的事情对你很重要（不一定对别人重要），你本能地有着强烈动机去做时，那么，你的注意力会本能地被引导到尚未做完的事情上来。第二，当人们预料能够很好地完成目标，也就是说，当他们有着很大的希望和可靠的自我效能时，他们会继续回来，直到把任务完成。因此，要确定地测试你是否有真正的动力去实现某个目标，那就看你是不是用热情、好奇心和激情来回应未完成的事情。如果不是，你也许并没有追求适合自己的坚毅目标。

练习

提升毅力的方法

◆ 主动去结交坚毅的人们。安吉拉·达克沃斯的研究揭示了坚毅是一种具有感染力的行为，因此，想办法在你的日常生活中结交具有真正坚毅品质的人们。田纳西州哈珀斯高中的橄榄球队主教练说，他曾请来伊拉克战争的退役老兵凯文·唐斯（Kevin Downs）担任助理教练，让高中球员们每天和唐斯待在一起，此举改变了球员们的性格。唐斯在战争中多次负伤，差点牺牲，后来历经 76 次手术才得以挽回生命。球队主教练说：“自从唐斯在这里工作后，抱怨的球员少了很多。”[27]

- **和与你有着相似目标的人们一同做事。**一项以运动员为研究对象的有趣的研究发现，赛艇运动员和跑步运动员在一同训练时，比他们独自训练时成绩更好，身体也更强壮。当我们要对其他人负责时，更有可能坚持下去；当环境中充满了具有传染力的积极因素时，我们都会受益——毕竟，“上涨的潮水把所有的船都抬了上来，”对不对？有人甚至发现，人们只要出现在另一些充满正能量的人面前，也会变得更有成效，这正是许多人聚集在图书馆和咖啡屋来完成工作任务的原因。
- **假装“好像”。**华盛顿红人队的约什·诺曼在异常激烈的橄榄球比赛之前，先想好自己扮演某个英雄人物，并且在比赛中全心全意让自己进入那一角色。跟他一样，试着假装“好像”你是一个坚毅的人，不论正在做什么，都要像持之以恒的人那样坚持下去。提醒你自己，要假装的对象，正是你想要变成的那个人。历史上有许多这样的人供我们选择，不论我们想要实现什么样的艰巨目标，应该不难找出合适的榜样。这正是有的人在不知道怎么办时问自己“耶稣会怎么做”背后的原因。
- **和自己打赌。**围绕实现目标而设置的激励措施，特别是物质上的激励措施，在许多的情况下都是奏效的，特别是说起实现艰难的目标时。
- **让自己多听和多看克服困难的故事。**如果你从自己的生活或工作环境中难以听到别人克服困难、培育坚毅、从失败中学习等的故事，那就编一个。无论是为你自己，还是为你的孩子，搜寻一个关于家族祖先克服重重困难的传说，例如某位祖先失去配偶而艰难求生，或者是遭受了经济上的挫折，等等。如果你的家族里也没有这样的故事，仍然可以挖掘许多类似的故事：有些知名人士和不太知名人士的回忆录和自传一直在向读者分享他们成功的故事或者战胜逆境的故事，还有一些关于你日常生活中遇到的人们的故事。我在得克萨斯州的墨菲中学以“坚毅的重要性”为主题发表了几次演讲后，该学校围绕收集这些故事提出一个独具匠心的点子。他们成立了“坚毅委员会”，委员会推出一份“日报”，公开发表学校管理人员和教师们在日常生活中克服挫折的故事。这样的“日报”，对学生来说的意义在于，让他们看到学校中的一些权威人物在艰难困苦时不屈不挠的例子，同时，这些权威人物也给学生们带来了信心，让学生们知道，如果有必要的话，可以接近他们去寻求鼓励和建议。

- **创建一个虚拟化身，以便体验发生在你自己身上的各种新的可能性。**以大脑的改变为核心的领域内出现了一些最有意思和最令人兴奋的技术发展，这些大脑的改变在人们进入虚拟现实的世界时发生，在这样的世界里，我们可以看到自己的虚拟化身在做某些事情，而如果换在现实世界中，我们不可能去做那些事情。例如，一项研究发现，一位广场恐惧症患者十年内没有离开过他的房子，在其他的治疗计划都失败后，治疗师给她在《第二人生》游戏中创建了一个化身，那个化身看起来和她相像，只不过有着外向的个性，经常参加各种派对和其他的集会。结果，这位患者十分强烈地认同她的化身，最后终于克服自己的广场恐惧症了（这基本上与你假装“好像”是同一回事）。斯坦福大学虚拟人类交互实验室主任杰里米·拜伦森（Jeremy Bailenson）解释说，化身之所以能起作用，是因为它们即使在超出我们正常能力的局面下或体验中，也可以触发真情实感和真实的反应。他说：“我们有足够的理由相信化身可以改变自己与他人的交互方式。”[28] 许多前景美好的新技术和身临其境的虚拟现实，包括游戏等，都在教人们克服自我限制的恐惧感并培育勇气、抗逆力、团队合作、毅力等，这些在坚毅品质的培育中发挥着重要作用。

练习

三件难事

积极心理学中一个广受欢迎的练习，设计用于增强人们的感恩和幸福，该方法是让人们在一天结束时历数自己当天遇到的幸运的事情。而“三件难事”则是上述理念的升级版，也就是说，让你列举当天做完的三件最困难的事情。研究发现，每天晚上睡觉前，我们在脑海中浏览一下今天做了些什么难事，更有可能坚持不懈地追求我们珍视的目标。这种练习之所以有效，是因为那些事情树立了我们的信心，让我们获得了掌控感。此外，当我们真正对自己产生了这种自信和掌控感时，我们更容易坚持我们所珍视的目标。即使你不能每晚都坚持做这个练习，也值得定期做一做。

把你今天做的三件难事写下来。解释它们难在哪里以及你怎样做好它们，包括辨别你在做好它们的过程中运用的你的优势。

第15章 chapter15

耐　心

一天，我的电话响了，打来电话的是一位29岁的女性——我暂且称她为琳恩（Leanne）。她当时站在旧金山的街道上，手里捏着一份自己梦想着创办的新公司的商业计划。她告诉我，她听说我给另一位硅谷企业家当过教练，该企业家向她介绍了我，认为我的指导会对她有益，不过，她的时间很紧，因此想知道我是不是马上能为她提供教练服务。

“我们这里的每个人进入而立之年时都创办了自己的公司，而我只差几个月就30岁了，”她对我说，“我打定主意开一家网店，我觉得一定能成功，但我总在提出反对的理由。如果我现在不做，将来绝不会做。”

我先是了解了琳恩这个创意的更多背景和她朝这个方向努力的动机，然后决定当她的教练。她知道这种创新的方法将给别人带去价值，对此充满热情；同时还知道，如果她对我负起责任，冒一些必要的风险去追寻自己的目标，她将会成功。果然，最后她做到了。琳恩在她即将进入30岁的前一天提交了成立她的公司的文件并且在不到一年的时间内，就被各种设计展、创业杂志等专门介绍，甚至登上了一个国际经济高峰会议的舞台。

琳恩的这种在某个年纪时迫不及待想要成功的想法，早已不再是罕见现象。在过去的几代人中，许多年轻人也在思考长大以后会变成什么人，尤其在美国的某些地方，有的人甚至还没拿到大学学位，便开始以数百万美元的价格出售他们的第一家公司，并因此声名远播。尽管在说到为着手做事而设定最后期限时，适当的缺乏耐心可能是有益的，好比琳恩决意在她30岁之前创办自己的公司那样，但是，如果某个人过于急切地获得一些错误的东西，而且在那些追求坚毅目标十分重要的领域又缺乏延迟满足的能力，那么，这种缺乏耐心可能是有害的。正所谓："片刻的耐心，可能避免灾祸。瞬间的不耐心，也许毁掉一生。"

对爱因斯坦感到"极度兴奋"

具有真正坚毅品质的人们也培育耐心的美德，因为他们不设立短期的目标；他们的雄心壮志是长远的，几乎不可能在几个月内就实现。以一个科学家团队为例，他们曾耗尽大半辈子的心血，试图证明爱因斯坦相对论的最后一部分，即关于引力波的存在。

2015 年 9 月，在爱因斯坦的成果首次公开发表一个世纪之后，这个团队中的几位科学家发现，两个黑洞在距离我们十亿光年之遥的太空中发生碰撞，因而在一台专门用于收集这些非常频率的机器上制造了微弱的啁啾声。这台机器是迄今为止人类制造出来的最敏感的科学仪器。

2016 年 2 月 11 日，当这一惊人的突破从加利福尼亚理工学院广播出来时，在激光干涉引力波天文台带头从事这一探索的领军科学家们，全都早就过了传统的退休年龄：一位科学家已经 70 多岁，另外两位过了 80 岁，有一位还患上了痴呆症。

知道这一科学发现的重要性的人们兴奋不已。纽约哥伦比亚大学教授绍博尔奇·马卡（Szabolcs Marka）说："我觉得这将是很长时间内物理学上的一项重大突破。"另一些人从广播中听到或报纸上看到这个消息时，一会说自己"起了一身鸡皮疙瘩"，一会说自己"感到极度兴奋"。[1]

现在就给我送个比萨来

在当今这个时代，即时满足已成为常态，耗尽毕生的精力去努力解决某个科学理论的想法，很难受人欢迎，因为探索之路必定充满了失望、耽搁以及可能的失败。琳恩这一代人长大后，几乎能够即时享受各种各样的东西，这种便利条件，也使得他们这代人很难知道如何等待。如果你要找到某个问题的答案，用智能手机搜索一下便可。在餐馆吃饭、在超市购物、在干洗店洗衣服，甚至到杂物店购买日常用品时，你不想排着长队等候?

TaskRabbit、Nowait等app和服务，让你可以轻松消除这些等待的烦恼。你甚至无须使用你的声带或者无须站起来，就可以点一个比萨，只要给达美乐比萨的网站发送一个比萨的表情符号即可。达美乐公司首席执行官帕特里克·道尔（Patrick Doyle）说："这是便利的体现……我们只需要五秒钟的交流，便可以让顾客订到比萨。"[2]

皮尤研究中心的互联网与美国人生活研究项目注意到，年龄在35岁以下的成年人的"过度联网的"生活，伴随着显著的缺点，该项目指出，"这种生活的负面效应包括需要即时满足和失去耐心。"[3]另一项研究发现，仅仅是打开一个视频片断的简单动作，人们对其的耐心也直线下线，如果超过两秒还没有打开，人们便不再等待；如果过了30秒还没打开，80%的电脑使用者会彻底放弃打开该视频的努力。一位研究人员说："我们对'即时'的期望变得越来越快。"他接着补充说，他开展的一项研究发现，那些由于被迫等待下载而等待电话接通的人往往会直接挂掉电话，不再等待服务。[4]

对这种即时性的寻求，对一些以前总能给人们带来愉悦和回报的活动产生了影响，使得人们如今觉得这些活动太过费力，因而不太愿意参与。能够迅速给人们带来乐趣的《糖果传奇》等app胜过了读书的渴望。和从前相比，美国人存的钱也更少了，可支配收入从1982年的9.7%下降到2012年的3.6%。ImpulseSave公司的菲尔·弗里蒙特–史密斯（Phil Fremont–Smith）说："我们不再考虑长远了。"该公司的app追踪观察会员们的支出情况，并且在他们压缩了开支时发送祝贺信息。[5]

关于工作效率的畅销书《每周工作4小时》(*The 4-Hour Workweek*)使得这样一种理念大受欢迎：绝不能把时间花在和我们的“天才”不相符的事情上，我们接到的任务和一些不愉快的活，可以由其他更擅长做这些事情的人们来做，他们可能更轻松、更经济地完成，而我们自己要做好更多其他的事情，让生活变得更丰富多彩，也让自己拥有更多休闲时光。[6]这种鼓励催生了一些外包网站，比如Upwork和Elance等，它们外包的业务包括PowerPoint制作、会计、写作以及你可以想到的其他大部分事情，使人们能在最短时间内更加轻松地完成手头的任务。事实上，跟我合作过的企业家和首席执行官都在紧要关头使用过这类服务，即在他们急需将一项工作打包出去的时候。

我曾亲眼见证，某种特定类型的急躁，也可能成为促动行为的积极因素，就像琳恩和我的其他客户那样，他们知道，最好是把时间花在自己不可能外包或不能指派别人做的事情上。尽管如此，我们的文化促使我们相信，一方面，不管是什么事情，我们都不能干等着消耗时间；另一方面，那些难做的事情，我们不应自己动手去做，因为别人可以为我们做好。如果你不相信，翻一翻黄页，看一看广告，或者浏览一下社区中的商业标志。难道你不想光顾Qwicky Kleen汽车经销店、EZ贷款中心，或者快印先生复印店吗？你又怎能抗拒In-N-Out快餐汉堡和“三分钟治疗法”之类的承诺？如果有的商品或服务取名为“数学很难学”(Math Made Hard)、“你在这儿等”(U Wait Here)或者“没有快餐”(Not Fast Food)，会有人来购买吗？

还有人渴望并等待什么吗

一天中午，我正在华盛顿特区的市中心吃中饭，和一位同事聊到了一项研究。那项研究发现，如今的人们缺乏耐心，人类的平均注意力跨度甚至比金鱼的还短一秒钟（人类的是 7 秒钟，金鱼的是 8 秒钟），突然，她的眼神望向远处，给我讲了一个故事，故事的中心内容是耐心可以怎样改变一个人的人生。

她说："我还在读小学二年级时，央求父母给我买一个很贵的洋娃娃，那是我在自己最喜欢的玩具店看中的。父母告诉我，如果我把自己的零花钱存下来，就可以在年底前买下来。因此，我尽可能在家里多做家务活（以便挣更多零花钱），并且用半年时间把零花钱存下来，最后终于赚到并存下了足够的钱，可以买那个洋娃娃了。我和妈妈一同来到那家商店，我至今仍然记得，我打开零花钱夹子，把全部靠自己存下来的钱交到店主手中的那一刻，自己有多么的自豪！我想，我会比自己第一次央求父母给我买那个洋娃娃的时候更喜欢它。"

她讲述的时候，我一边听，一边想着自己在孩子们长大过程中一再犯的那些错误。当孩子们央求我给他们买一组乐高玩具、一块零食或者一款游戏时，我总是尽量满足他们的要求，不让他们自己挣钱、存钱或者等到稍晚些再买。有时候，这是因为我懒惰，只想着让他们快点儿安静下来，不再抱怨或吵闹；另一些时候，我想看到他们高兴——即使获得某件物品而产生的满足感通常只会持续几个小时或几天。我知道，孩子们偶尔的缺乏耐心，会发展到后来只想快点儿解决某个问题，不仅因为技术的四处传播和整个社会鼓励人们走捷径，还因为当我知道我只要掏出钱包便能让孩子们高兴的时候，没能做到淡定地看着他们不高兴的样子。

我们在教育孩子做到耐心并且等待他们想要的东西时，相当于给他们一只股票，在接下来的数十年里，股票会给孩子们带去宝贵的分红。研究发现，让孩子学会预期将来的事件——比如为买智能手机或外出旅游而存钱——可以营造一种乐观的感觉和渴望，它们会在孩子们终于获得那样东西时，给他们带去更大的满足感。参与某些研究的购物者甚至向研究者报告说，假如他们不必付出努力便能得到某样东西，会对买下的这样东西不太满意，无论是一块只需用两个而不是五个步骤来烘焙的蛋糕，还是通过网上购物，只需点击两下鼠标就能买到的一盏灯。

法国家长眼中的美国顽童

等待某件物品，不只是增加了我们对它的价值的感知。相反，屈服于即时满足，使我们不可能学会怎样应对不舒服的感觉，最终可能使我们错过了一堂本该开始给孩子们上的课，早在他们还是婴儿时，我们就该用费伯法来教孩子们。费伯法在 20 世纪 80 年代中期广受欢迎，是指当容易烦恼的孩子遇到难以入睡的问题时，父母们通过逐渐地减少去看孩子的次数，使孩子学会自我抚慰的方法。美国的父母难以运用这种方法，也难以应对其他的日常挑战，比如允许孩子们在父母电话交谈时打断他们，或者允许孩子们规定吃饭的时间，但法国的父母对此感到迷惑不解。帕梅拉·德鲁克曼（Pamela Druckerman）写了一本名为《养育孩子》

（*Bringing Up Bébé*）的书来介绍法国人的育儿经验。她在书中指出，法国的父母通常不敢相信美国的孩子可能会“胡说八道”或者“为所欲为”。[7]《育儿的崩溃》（*The Collapse of Parenting*）一书的作者利奥纳德·萨克斯博士（Leonard Sax）说，父母没能帮助孩子克制自己并学会尊重长辈和尊重规则，那就是在助长孩子的“无礼”，最终将破坏他们保持耐心的能力。[8]

对自己的感受有耐心，并且理解艰辛终将过去（从长远来看，这甚至在许多意想不到的方面带来了更好的结果），对今天的青少年和年轻人来说，尤其是一项挑战。最近几年，自杀率有所上升，很多心理学家认为，即时满足和快速解决办法的盛行是原因之一，因为它们使得有些人以为自己不好的感觉将是永久的。[9]几个月前，我在得克萨斯州墨菲市对一些中学生发表演讲后，一位学校心理学家向我哀叹，得州普莱诺市的两个高年级女孩自杀了，她们都曾在墨菲中学上过学。她说，要是这两个女孩听过我的演讲，了解了如何培育耐心以及坚毅品质可以怎样让人们在艰难时刻支撑下去，一定会有所裨益，不至于走上自杀的不归路。[10]

对有些孩子来说，培养耐心比另一些孩子更难。我小时候曾被诊断为注意力缺陷多动障碍，这正是我在十几岁时如此轻易地陷入暴食症的瘾性中难以自拔的部分原因。暴食症提出了一个几乎不可思议的承诺：你可以放肆地吃各种想吃的东西，不用付出任何的代价——只可惜，这种“几乎不可思议的解决方式”，总是让你付出比你预期的更沉重的代价。因此，到最后，我不得不学会培养耐心，让自己忍受饥饿和各种情绪，以便战胜我的进食障碍并驯服内心的自然冲动。正因为如此，我知道，如果你有一个目标在前方等着你，吸引你不断向前，你就有可能克服这种想要即时满足的心理。在我的例子中，我渴望成为一名事业成功、身体健康、不受食物支配的女性，因此每天想尽一切办法控制食量，或者克制自己不去做另一些自我毁灭的事情。后来我发现，其实许多事情有助于我完成这个任务，这使得我在随后的 30 年里完全地摆脱了暴食症，终于恢复过来，而如今，这些做法也得到了研究的支持。将一天的时间分隔成 24 小时来生活而不是企图在一夜之间就达成长期的成效、在所期望的行为是常态的那些社区中生活，并且培育感恩心态，所有这些，全都是被证明有效的培育耐心的方法。

日常生活中的缺乏耐心

20 世纪 80 年代中期，我体会到了开始从暴食症中恢复的好处，那时，大量的个人科技产品还没有问世，这些产品使得人们更难长时间地努力和保持专注。如今，我们的文化令我们很容易满足自己，不论是什么人，只要试图在他们自己或他们的孩子身上培育坚毅的品质，都得面临令人却步的挑战。以电视为例，现在的新闻节目在屏幕下方或边上出现“滚动文字”，快速播报着其他新闻事件，也让我们总是知道刚才讨论了什么、此刻正在讨论什么以及接下来几分钟里又将讨论什么。如果你不喜欢你正在看的节目，手中的遥控器能以闪电般的速度切换到其他数百个频道。如果你家有数字录像机，还可以通过快进按钮跳过广告，只看节目。假如你连切换频道的那一片刻都不愿等待，想一下子就看到你支持的棒球队是不是赢了，怎么办？那你可以利用画中画的功能，将其他频道的节目放在你正收看的频道之中，形成一大一小两个屏幕，一次性收看两个节目。最后，你甚至不必等着你最喜欢的电视剧的剧情逐步发展，以看看剧中某个角色如何发展或剧情如何推进。网飞公司定期地一次性推出一整季的节目，比如《纸牌屋》等，导致一些被人们调侃为“非季节性的情感障碍”和“狂欢后的萎靡”等现象出现。和我一度沉迷其中并给我留下无尽后悔和后遗症的暴食症一样，61% 的人们承认自己曾经一口气看过许多集电视剧，甚至整个一季的电视节目，但看完之后倍加感到悲伤、空虚，缺乏有意义的目标。[11]

如果说让我们变得缺乏耐心的不是电视，试想一下电话。假如我们打电话给电力公司，但电话正在通话中，电力公司会用音乐、广告和不断播报的评论来填补这段等待的时间。当我们登录自己的电子邮箱时，各种请求我们即时回复的信息纷至沓来；而当我们网上购物时，各家网店极力营造一种虚假的紧迫感，时常冒出一些提示，比如“你还有五分钟时间完成购买”“存货只剩两件”或者“明天凌晨促销截止”。我们就像受过训练的动物那样，常常按照别人教我们的那样做：回复那些邮件和文字短信、购买那把紫色抹刀，让我们产生一种虚假的高效的感觉，但实际上我们所做的，只是对呈现在我们面前的东西做出反应罢了。

体育领域也缺乏耐心

人们常说，体育培养人们的性格，但在这个领域，如今也更难学习耐心的美德。放眼全球，为了吸引更年轻的观众和参与者，诸如板球、排球、棒球、橄榄球、高尔夫球、一级方程式赛车等各类体育项目也都想方设法缩短观看或比赛的时间。例如，在排球比赛中，运动员习惯了在每次得分或丢分时集体庆祝或相互安慰，如今，比赛方也不鼓励这种行为，因为这可能使一场比赛延长 15～30 分钟。[12] 棒球选手在比赛即将开始时不能离开击球员区；高尔夫球员必须在规定时间内打完比赛，如果击球缓慢，还要受到惩罚。曾排名世界第一的高尔夫球员罗里・麦克罗伊（Rory McIlroy）最近抱怨说，英格兰人对高尔夫球的兴趣和参与度呈直线下降，因为“现在的一切都是即时的，每个人都不像过去那样有足够的时间”。[13]

2015 年 4 月，美国大学体育协会篮球冠军联赛集中体现了运动员的耐心发生的种种变化，并展示了这些变化对团队合作以及成功产生了怎样的影响。这年春季的比赛，决赛双方是威斯康星大学麦迪逊分校篮球队和杜克大学篮球队，前者由主教练博・莱恩（Bo Ryan）率领，他因在四年时间里培育出伟大的球员和锻造了一支出色的球队而闻名；后者由主教练迈克・沙舍夫斯基（Mike Krzyzewski）率领，他的队员大部分是那些“打一年就走”的大一新生，他们打完一年球后，就前往美国职业男篮参加选秀。结果，那一年的决赛杜克大学赢了，这场胜利表明了为什么追求个人成绩和打好重要比赛可能比认真训练好几年以锻造更强大的整体团队更加受人欢迎。[14]

放下笔头和成为合伙人的轨迹

在职场中，你也不必总是培育耐心。华尔街已经宣布了重大改革，一些主要银行在想方设法防止千禧一代工作2～3年后就离开。一直以来，成为一名华尔街合伙人的轨迹，涉及历时数年的苦差事和每周100小时的高强度工作，才能等来数百万美元的发薪日，但千禧一代并不想等待，而且觉得不必牺牲与家人在一起的时间来实现他们的目标。所以，花旗集团于2016年宣布，公司不仅计划帮助年轻员工更快晋升，而且还会让新员工有一年的间隙，在此期间，他们可以为慈善项目工作，只是月薪少一些。摩根大通公司推出了“放下你的笔头”的举措，允许银行家周末休息。高盛投资公司重新调整入门级的银行业工作，以便新员工可以在电子表格和投标书等方面少花些时间，把更多时间留给更加创新的工作。[15]

虽然没有人会说每周工作100小时很有吸引力，也没有人说，让工作变得更有意义和更有趣味是件不好的事，但千禧一代仍然缺乏耐心，希望比父辈更快、更容易地接近自己期望的奖赏，这使得有些人感到难堪，他们觉得这种安排只会使问题变得更糟糕。硅谷的一些公司曾经包办了年轻员工生活中的所有麻烦事，比如到理发店排队理发、去干洗店洗衣服，甚至还由专人帮年轻员工遛狗，但如今，这些公司也在削减类似这样的额外津贴。究其原因，有两个方面：（1）员工们开始把养尊处优的生活视为理所当然，并且要求更多的福利（在一个极端的案例中，硅谷某初创公司的一名员工不愿意等待，希望以最快的速度让自己高兴，于是请求公司在他的工作场所与距离最近的酒吧间安装一条飞索）；（2）这些额外津贴的成本太高。[16]

如果耐心成了一种稀缺商品，而我们身边的文化诱因又无法使我们更容易培养耐心，那我们该做些什么呢？好在希望的曙光还是有的，那就是说，人们想要改变，而研究也给我们可以从哪些方面来改变提供了一些线索。

贝亚德的故事

2015 年的暑假，我最小的孩子贝亚德（Bayard）请我做件反常的事情：带他到手机店，把他的智能手机换成老式的翻盖手机。他非常坚决地对我说："我对智能手机上瘾。如果我没什么事情可做，总是捧着它，我对此感到厌倦了。我想回到以前的简单生活。"

等我和儿子到达手机店并解释了我们的要求时，店里等着给我们办理业务的年轻人不敢相信。他一脸狐疑地对我儿子说："你是我遇到的第一个要求这么做的人。你确定吗？"

按照贝亚德自己的说法，由于这次的转变，一年以后，他变成了另一个人。他说，虽然他起初不能方便地使用那些用来追踪华盛顿国民队的消息或者从父母手中要钱的 app 了，但他再也不用强迫性地查看手机，以了解是不是有什么人喜欢他在 Instagram 网站上发布的帖子，这样反而使得他更快乐了。贝亚德告诉我："以前，如果手机没在我身边，我总是觉得少了些什么，但这段时间以来，我没有带着手机出去，我发现并没有少太多东西。"他还说，如今他能更长时间地保持专注了，最令人惊讶的是，他比以前更喜欢去看棒球比赛了。"在两局比赛的间隙以及交换场地等时候，我四处看一看，实地观察一下球场中发生了什么，并且放松一下自己，而不是老在低头盯着手机。”

我知道，大部分人不会像贝亚德那样做，尽管如此，我还是知道，越来越多的人决定减少他们对即时满足的依赖，也开始培养耐心。我女儿萨曼莎第一个告诉我说，如今的大学生在外出吃饭时，把他们的手机都堆在一起，目的是让同伴之间更加关注对方，而不是人人都只看手机。他们还约定，第一个拿起手机的人将给整桌人买单，这是减少冲动的一种强大激励。

尼克的故事

我还发现许多年轻人立志于从事那些无法即刻获得金钱回报或者名声的职业，这给了我希望。我首先听说了我儿子贝亚德的同班同学尼克·迈克格雷威（Nick McGreivy）的故事，是通过他的妈妈凯瑟琳（Katherine）知道的。凯瑟琳曾听过我的“创造最美好生活”的主题演讲。听完之后，她向我介绍，她儿子尼克痴迷于打篮球，而且渴望在学校里组建一支球队，但她感到这可能是个不切实际的目标，因为尼克很晚才开始接触这项运动，而且身材不高。她问我该怎么办，并且忧心忡忡地说：“如果我鼓励他，会不会害了他？他是不是拥有太多不好的坚毅？”

尽管尼克的天生条件并不突出，但他有着良好的职业道德，再加上严格的训练，最终成功地组建了这支球队。此外，尼克的父亲，一位具有超凡魅力和智慧的外科医生，在尼克即将念完高一时意外去世了，这使得他在现实生活中不得不依靠打篮球时表现出来的同样的专注与坚强。因为丈夫的去世，凯瑟琳突然之间成为带着四个孩子的年轻寡妇，而尼克是她最大的儿子。

后来，尼克考入宾夕法尼亚大学，大一时，我偶然碰到了他，此时，他的生活依然是坚毅、目标设定以及未来意识的典范。他在高三时自学了跳高，到大学时参加了州里的比赛，并被大学的教练相中，让他加入了田径队。但在大一的那个赛季，尼克的运动生涯并不顺利，因此被淘汰了。尽管如此，尼克仍对自己付出的努力感到自豪，决定组织一支俱乐部篮球队，这当然遇到了许多障碍，不过他毫不灰心，而是耐心地一个接一个地克服那些障碍。令人不感到意外的是，到了高二的暑假，尼克请来一位跳高教练，并且刻苦地练习，试图重新加入大学的校队；果然，他跳出了个人最好成绩，通过选拔加入了校队。

有一个暑假，尼克到普林斯顿大学的等离子体物理实验室待了一段时间，学习核聚变，他对这段经历感到兴奋不起。他的这种兴奋，在你“储备”了真正的坚毅的时候才会出现。尼克说：“很多人对这件事情冷嘲热讽，因为这太难了，有人劝我说，我也许用一生的时间也不会有重大突破，但我根本没受影响。我觉得它真的令人兴奋。”和激光干涉引力波天文台那些费尽半生心血来研究爱因斯坦引力波、已达耄耋之年的科学家一样，尼克也拥有同样的坚毅品质，在极具挑战性的领域努力解决最难的难题，这是那些没有耐心去直面改变历史的挑战的人们并不具备的。[17]

练习

培养耐心的方法

- **下棋。**棋盘游戏，特别是国际象棋等一些需要技能和计划的游戏，能够培养众多宝贵的技能，包括识别规律和变得耐心。下棋可以使人们养成许多积极的素质，比如，需要高度的专注，能够想到某一步棋将来会产生怎样的影响，耐心地等待着结局一步步地呈现，并且关注决定胜败的细节。国际象棋是对计划能力与耐心的训练。磨砺制订行动计划所需的能力，是你在实现长远的人生目标时需要的。[18] 正如《深度工作》一书作者卡尔·纽波特描述的那样，“专注”以及做“深度工作”的能力，是“21世纪的智商”，他还说，未来数年，那些能够保持专注的成年人，将是最可宝贵的人。[19]
- **打理花园。**你不可能一夜之间就让郁金香开花或者让番茄成熟。打理花园并照顾好园子里的瓜果蔬菜，寄希望你的努力获得回报，并且有意识地欣赏鲜花的美丽和植物的繁茂，是变得有耐心并且让时间变得神圣的方式之一。《蓝色地区》(*Blue Zones*)与《茁壮成长》(*Thrive*)的作者丹·比特纳（Dan Buettner）注意到，在全世界几乎所有最幸福、人口最长寿的地区，都有一些供应健康食物和草药的花园，人们每天在花园中劳作。[20] 一些治疗师也深知融入大自然和亲手劳动的回报。研究表明，亲近大自然，感受植物的茁壮成长，同时自己动手为它们浇水、施肥，哪怕只有20分钟时间，也一定能使人们的心情变好。[21]

- **排队等候。**我在《纽约时报》的专栏中读过一篇文章，文章指出，在一些城市中，“等待的文化”呈现流行趋势，市民们有意抗拒使人们更容易获得某样东西的理念。一些“火爆”的餐馆由于拒绝预订而引起全国人民的关注，有时，顾客为了能在一张理想的桌子上用餐，得排队等候好几个小时。由于你不可能想出别的办法来提高自己进入这些餐馆的概率，只能简单地排队等候，所以，这些餐馆获得了一种特定的名声和价值。如果说它确实值得顾客等待，那一定很不错。该专栏文章的作者还聪明地评价道：“并非所有的等待都是平等的，比如，明智地选择排在哪个队伍后面、了解不同的队伍，以及怎样在等候时打发时光，可能是美国各地的消费者们需要掌握的另一些技能。”[22]
- **在几周内做出选择。**有人围绕等待对某件事情做决策（不只是排队等候）进行过一项独特的研究，结果发现了一些有趣的现象：当你决定将决策的时间推迟，把问题留到第二天解决时（有时候甚至推迟好几个晚上），你将了解到，在决策时做到耐心，使得人们对耐心本身进行评估，而且你甚至还确定，长远的奖励比短期的回报更好。一份研究报告的作者阿耶莱·费斯巴赫（Ayelet Fishbach）说：“人们往往更加看重某些东西现在的价值，不太看重它们未来的价值。但我的研究表明，让人们等一段时间再决策，可以增进他们的耐心，因为等待的这个过程，使得等待带来的奖赏似乎更加宝贵。”[23]

- **练习感恩。**有人针对如何制止差劲的经济决策（也称为时间贴现）做过研究，结果发现，那些写了自传式文章来描述某些激发感恩的情形的研究对象，更有可能推迟获得即时的经济报酬，从而谋求将来得到更大的回报。这个研究新颖的地方在于，研究者在研究中控制了幸福的情绪，发现它并没有像感恩那样对时间贴现产生相同的影响。

练习

细节中的洞察

坚毅的人们一定有耐心，因为他们得花时间把目标追求的各个不同部分综合起来。由于你在付出了辛勤劳动之后，常常得等待数年才能收获回报，因此，在小事情中寻找快乐并尽情享受这种小小的快乐，将提升你的幸福感，并保持你的热情，同时锻炼你从每个细节中提炼出精华的能力。这一练习基于哈佛大学人文科学系伊丽莎白·加里·阿加西教席教授珍妮弗·罗伯茨（Jennifer Roberts）布置给学生的一项任务。经常做这个练习，你将提高自己培育耐心的能力，并且让自己慢下来，以便在生活细节中寻找珍贵的宝石。[24]

在不被打搅的情况下花30分钟时间观察某件物品。用笔记下你的所见所闻和它带给你的感受。在你仔细观察并凝神思考时，注意你身体中任何敏感的变化。花些时间。在你盯着它看时，一定做到缓慢地、有意识地看，并且只有当你感到你的内心全都是刚刚重点观察的这件物品时，才转而观察别的东西。你对这件物品的关注，是不是让你想起了其他物品与它的相似性？你闻到的气味和听到的声音，有没有改变了你的看法？30分钟结束时，在纸上写下你对同一件物品进行缓慢评估的过程与迅速观察的过程的差别。你是不是意识到，花更长时间进行观察，会让你的观察更加宝贵或者更加丰富？

第 16 章

chapter16

关于未来的思考

过去几年，我潜心思考坚毅、谈论坚毅，试验着如何帮助别人理解坚毅的重要性、寻找培育坚毅品质的理由，然后让人们在培养自身的性格优势（也是在坚毅的人们身上最为突出的性格优势）过程中树立必胜的信念坚持下去。我着力表现和传达这样一种信息：如果我们出于正确的理由、朝着正确的目标迈开前行的步伐，那么，我们每个人都可以培育真正的坚毅。为使得这一品质尽可能好理解，我辨别了积极的和消极的坚毅，以便人们可以对好的与坏的坚毅品质形成心理表征，并且更容易知道自己要做些什么、怎么做，才能获得最好的结果。

出于诸多理由，我对未来充满希望，但是，和社会及人民之间发生的任何翻天覆地的变化一样，要让家庭、学校、社区、组织以及国家从明显的平庸转变为显著的卓越，需要人们自我反省、提高认识、加强规划、全力投入并做出牺牲。我们再也不能让人们不论做什么都能轻松成功——并且称其“了不起”了，而是要用一些真正鼓舞人心的行为实例来提升和激励我们。我们不能继续褒扬任何人的无耻行为，他们可能在各种社交媒体上炫耀着自己。我们需要训练自己将宝贵的时间和精力用来关注良好的品质。当我们没有合适的过滤措施，不知道哪些标准很重要时，不能再让自己沉浸在过多的数据之中，而是必须放慢自己的脚步，用足够长的时间来定义什么才是真正的了不起。我们必须告诫自己，既要致力于更加坚毅地追求卓越，又要教会别人怎样做到更坚毅。

我们想要坚毅

不管我在哪里演讲，采访什么人或者看到了什么，我总是发现，我们不能用奉承、轻松的胜利或者舒适的生活来欺骗别人，让他们以为他们是在创造自己最美好的生活。相反，除非我们在探讨极端形式的错觉，否则，当我们看到、品味到、感受到或者听到某个人十分卓越时，我们每一个人都确实知道他是卓越的；同时，如果我们不具备这种卓越，我们自己也从内心深处知道这一点，并且想让自己变得卓越。这正是拼字大赛的选手希望将来遇到更难拼写的词，以避免和其他选手打成平局的原因；也正是在我们当地的游泳联赛的选手们看到墙上挂着的纪录板时，会更加刻苦训练的原因；还是我们每个人都看到成年人花大把的钱来从成功的领导者身上学习的原因，那些领导者承诺，一定把他们知道的如何在自身领域中跻身一流水准的知识全都传授给我们。如果我们都只想采用平庸的标准，这些情形怎么可能出现？

我认为，我们不会甘于平庸，不过我觉得，很多人在说到怎样开始变得坚毅、卓越、专注于艰难而有意义的目标时，往往感到迷茫。正因为如此，墨菲中学的学生们在听完我的演讲后，总是争先恐后地向我提问，并且递给我一些便条，说他们想要学习如何在自己的脑海中“切换频道”，以变得更加坚毅；正因为如此，一些大学生问我怎样定义“艰难”这个词，以便他们可以用这样的标准来衡量自己；也正因为如此，在一个志愿者参加的广播节目中，当有位听众提出想要养成更好的习惯时，引起了成千上万名听众的共鸣。

做你自己人生的观察者。观察当你和其他人遇到了某个热情勃发的人时是什么反应，那个人从来不让障碍、失望或失败来破坏他的热情；观察你对那些想尽一切办法坚持实现目标并对表现卓越的机会充满感恩的人是什么反应。当他们进入某个房间时，我们往往坐直身子、专注倾听，将重心倾向他们，因为他们谦卑而自信、沉稳而坚毅。正如那些展示大胆的行为的电影让观众们深深着迷那样，我们想知道，我们身边的那些人到底是怎样克服和我们遇到的同样的分心、诱惑与挫折的；他们是怎样比别人想象的更加深入钻研、奋力拼搏，使自己变得独特而有意义的。那些体现了刻意练习、真正坚毅和卓越绩效的人们，对我们散发着磁铁般的吸引力。

你为什么而站起身来

有一天我意识到，不论我什么时候站直身子，总是有一些恰当的理由。和某个初次见面的人寒暄时我站起身子，是为了表示我的尊重。当国歌奏响时我站起身子，是为了表达我的爱国之情。当有人取得了十分突出的成就，我想要特意表达对他们的音乐才华、运动技能或者其他性格特点的崇敬之情时，我也会和别人一道，长时间起立并鼓掌。英语中的“站直身子”这个词，还有“坦率正直”的意思，指某个总是做正确的事情的人，尽管那并不容易。

我渴望生活在一个人人都立志做最好的自己的世界，并不是因为我们会因此而获得奖杯，而是因为这将使我们变成更优秀的人，为我们自己和其他人树立更出色的榜样。我希望孩子们能够放下恐惧来玩耍，不必担心父母和律师的闯入，以便他们从玩耍和竞争中汲取到经验，这有助于他们建立友谊和培养性格。我希望我们让年轻人听到不同的见解和主张，并鼓励他们开展批判思考和智慧讨论，以便在这个易怒的社会中引导好他们自己的情绪和观念。我祈祷这个世界充满宏伟的目标，人们都不找借口、停止抱怨，并且在经历创伤后更加坚毅，而不是背负压力。

尽管真正的坚毅并非解决一切问题的魔杖，也不可能解决一切问题，但我认为，把培育真正的坚毅作为首要任务，对我们所有人来说都是正确的。我们太多人没能成功，是因为我们没有设立远大的目标。我们设立的目标总是不及我们真正想要实现的目标，是因为我们没有运用强大的坚毅与自信，在必要时承受住内心的痛苦和身体的伤痛。我发现，当人们充分运用自己的意志力，坚持不懈地追求艰难目标时，他们的人生发生了惊人的改变。我看到他们创建了相互支持、团结一心的团队，看到他们怀着满腔热情帮助别人。而当人们失去活力和激情时，我看到的是悔恨不已和痛苦不堪。

虽然每一代人都怀念“美好的旧时光”，但如果你想要在这个不确定的世界中站稳立足并兴盛繁荣，便不难理解你为什么需要变得更坚毅。我们正面临的环境的挑战，使得所有国家都置身危险之中：全球变暖、海平面上升，以及使得地理稳定变得不可能的地震；剧烈波动的金融市场和此起彼伏的国际政治运动，使这个世界陷入可怕的境地；而对无休止的战争和恐怖袭击的报道，将我们每个人都推向深渊的边缘。软弱、焦虑，将自己藏身在“安全空间”，已经不是应对这些的方法，唯有变得更勇敢、更坚强、更积极，才是我们最好的选择。

我希望你运用这本书中的理念、故事、建议和练习来塑造你最坚毅的人生。改变，从我们每个人每天都耐心地、谦卑地坚持付出自己最大的努力开始，而当我们和别人一道尽自己最大的力量来改变时，我们便会共同变得更坚强、更有力。假如我们可以做到，我希望每个人都能用我们来之不易的自豪感，在我们的个人生活、家庭、社会以及国家中找寻到满足和幸福。只有我们付出最大的、最坚定不移的努力，我们才能获得这种自豪感。

如果我可以变得坚毅，你也可以；而且，只要你想改变，现在就开始沿着通向你的目标的道路迈步前行，总是来得及。采取必要的措施，让你的生活充满真正的坚毅吧，我保证，你不但永远不会后悔，而且将来回首自己过往的人生并问你自己尽己所能做了些什么改变时，你只会对自己更加敬重。

致谢

Acknowledgments

尽管我从20世纪80年代开始写了不少书，但写这本书的经历，着实让我变得更加坚毅，因为我不得不在写作过程中克服诸多的障碍。如果没有身边许多人的支持，你不可能培育真正的坚毅品质，因此，我要感谢我身边给予我大力支持的人们。

2005年，我回到宾夕法尼亚大学攻读应用积极心理学专业的硕士学位，正是在这一刻，我的生活明确地发生了积极的转变。在这个具有开创意义的班级中，我如饥似渴地学习，借此点亮我的人生，并且尽我的所能和人们分享这门全新的关于幸福感的科学，从而找到了新的职业目标。在宾州大学学习期间，我接触了安吉拉·达克沃斯对坚毅品质刚刚成形的研究成果，后来，她坚持让我将那些成果写成一本完整的书。10年后，随着她自己的关于坚毅的著作跃居畅销书单的榜首，她又为我的这本书提供了既热心又慷慨的支持。

斯泰茜·科莉诺（Stacey Colino）在2013年对我做过采访，正是这次采访，使得我开始为这本书的写作做准备。当时她问我："你的下一本书会是关于什么的？"我告诉她，我还不知道，她却说："我知道。它一定跟坚毅有关，因为在你已经出版的每一本书中，坚毅都贯穿其中。"她说得对，正是从那天开始，我全力以赴地投入到这本书的写作中。

2016年1月，我决定暂停所有的教练服务，专心致志组织这本书的素材。我终生的朋友和童年时游泳的伙伴凯莉·帕克·帕丽斯（Kelly Parker Palace）以及她的丈夫马克（Mark）慷慨地让我住到他们位于佛罗里达海滨的宽敞明亮的家中。在那里，我差不多住了一个月，我们三人每天晚上都围绕我对坚毅的定义展开辩论，他们提出的有说服力的评论，让我受益匪浅。

Wholebeing研究院的梅根·麦克唐纳（Megan McDonough）曾向我透露，2016年4月，当Sounds True出版社发现他们2017年的出版清单上有一个出人意料的空白时，考虑使用我的手稿。于是，我向珍妮弗·布朗（Jennifer Brown）及海文·艾弗森（Haven Iverson）两人组成的杰出团队求助，他们满怀激情地开出价格，把我和我的书纳入了出版清单中。很快，韦塞拉·西米奇（Vesela Simic）成为我信任的合作伙伴和冷静的编辑，将她的神奇融入这本书中，使之充满朝气；而且，由于她在编辑过程中也将她自己的人生经历与智慧融入进来，这本书也比原来好了很多。

我的远程策划与支持小组由玛格丽塔·塔拉戈纳（Margarita Tarragona）、路易莎·朱厄尔（Louisa Jewell）和大卫·波莱（David Pollay）三人组成，多年来，他们每个月都为我带来新的创意，也充当我的啦啦队员，为我鼓劲加油、呐喊助威。如果没有他们，我的这一旅程将会艰难得多。

我的经纪人艾弗·惠特森（Ivor Whitson）以及他的妻子罗妮·惠斯顿（Ronnie Whitson）是两位不知疲倦、乐观豁达、富有品味的专业人士，不论他们经历了什么，都始终保持这些精神。我常常兴奋地掐自己一把，因为我觉得，能有艾弗这样的经纪人，我真是太幸运了。ADL 演讲家管理组织的米歇尔·露西娅（Michele Lucia）及其助手南茜·温克勒（Nancy Winkler）在我全力以赴写这本书时走进我的生活，如果没有她们两位，那么，在我面临异常艰巨挑战的那段日子里，我不可能兑现我的演讲承诺，也绝不可能使演讲井然有序或者继续下去。

一直以来，我完全依赖一个专家团队，他们让我的工作从头到尾都变得更出色，并且使我的一部分人生充满了神奇色彩。这个团队的成员包括玛丽娜·奥尔特曼（Marina Alterman）、塔莎·贝兹·伯纳德（Tasha Bates Bernard）、露丝·贝尼维德斯（Ruth Benevides）、奥莱娜·勒凡达（Olena Levanda）、苏尔·穆罕默德（Soroor Mohammad）、丽莎·奥斯瓦尔德（Lisa Oswald）、曼努埃拉·萨尔圭罗（Manuela Salguero）、保罗·托马斯（Paul Thomas）、比尔·怀特（Bill Whited）以及索默·尤西费（Sormeh Youssefieh）。

20 年前，当我的女儿们与凯伦·科里亚斯（Karen Collias）交上朋友时，她走进了我的生活。随后，我们的友谊继续增进，而她那睿智的观察，总是让我更认真地思考，也让我更高声地大笑。我的教母帕特·格里菲斯（Pat Griffith）本身是一名令人敬畏且具有传奇色彩的记者，在我刚刚出生几天后，她就始终如一地爱我，鼓励我。朱迪·费尔德（Judy Feld）在近 20 年时间一直指导我，她对我的工作的指引和坚信，为我带来了无与伦比的价值，更不必说，她那令人意想不到的洞见，在我正需要它们的那一刻，帮助我找到了问题的关键。黛比·马奥尼（Debbie Mahony）多年来设计和维护了我的所有网站，并且满足了我提出的要在网站中嵌入许多图形的要求（以及更多别的要求），她的妹妹多娜·德尔·朱迪切（Donna del Giudice）则在我的身后默默支持我，使各项工作进行得井井有条。马里奥·卡罗·塞韦罗（Mario Carlo Severo）在我发出电子邮件请求后几小时内便完成了从遥远的欧洲实验室收集我需要的所有研究成果的任务。最后但同样重要的是我的 L4 大师游泳队的队友，也是我的一些乐观开朗、充满好奇、每天早晨 4:45 和我同一时间游泳的好友，在大多数的日子里，他们让我精力充沛、积极进取并且面带微笑地开始一天的工作和生活。

持续一段婚姻超过 30 年并养育 3 个孩子，还得在肩负母亲的责任的同时当好个人企业家，也需要具备真正的坚毅品质，我的家人为我培育这一品质奠定了坚实的基础，同时让我的生活充满乐趣与欢笑。此时，我很想紧抱并热吻我的先生海伍德·米勒（Haywood Miller），他懂我，理解和支持我那古怪的写作习惯：每逢周末，我便找一间偏远而便宜的酒店，为自己营造一个创造性的静谧空间。我还要感谢我3个了不起的孩子海伍德、萨曼莎和贝亚德，我在书中介绍了他们的生活，在我需要一些例子来证实我的观点时，他们总会和我分享自己对历史、政治和体育的观点，与此同时，在我需要微笑时，他们也知道怎样用各种表情符号来改善我的心情。还要感谢帮助我改变人生但我在这里并没有一一提到的每一个人，愿你们也让这个世界变得更幸福、更坚毅、更有朝气。

注　　释

第 1 章　你能拼出坚毅（G-R-I-T）这个词吗

1. Olivia B. Waxman, “Past Winners of the Scripps National Spelling Bee: Where They Are Now,” *TIME,* May 25, 2016, time.com/4344080/scripps-national-spelling-bee-winners-where-are-they-now/.
2. Paul Tough, “To Help Kids Thrive, Coach Their Parents,” *New York Times,* May 21, 2106, nytimes.com/2016/05/22/opinion/sunday/to-help-kids-thrive-coach-their-parents.html?_r=0.
3. Joel Stein, “Millennials: The Me Me Me Generation,” *TIME,* May 20, 2013, time.com/247/millennials-the-me-me-me-generation/.
4. Sumathi Reddi, “Playing It Too Safe?”, *Wall Street Journal,* November 19, 2012, wsj.com/articles/SB100014241278873236229045781290635068323l2; Janny Scott, “When Child’s Play Is Too Simple: Experts Criticize Safety-Conscious Recreation as Boring,” *New York Times,* July 15, 2000, nytimes.com/2000/07/15/arts/when-child-s-play-too-simple-experts-criticize-safety-conscious-recreation.html?_r=0; Rebecca Sheir, “For Kids This Summer, How Safe Is Too Safe?”, *All Things Considered,* National Public Radio, July 7, 2013, npr.org/templates/story/story.php?storyId=199773134.
5. Robert J. Samuelson, “The start-up slump,” *Washington Post,* December 16, 2015, washingtonpost.com/opinions/the-start-up-slump/2015/12/16/91ded2dc-a40e-11e5-b53d-972e2751f433_story.html?utm_term=.2e03b4f0b8db; Ibid, “Where have all the entrepreneurs gone (continued)?”, *The Washington Post,* August 13, 2014, washingtonpost.com/opinions/robert-samuelson-where-have-all-the-entrepreneurs-gone-continued/2014/08/13/2010fa54-2318-11e4-86ca-6f03cbd15c1a_story.html?utm_term=.8860d526b165.

6. Matt Bonesteel, "SMU women's coach says kids these days drove her into retirement," *Washington Post,* February 16, 2016, washingtonpost.com/news/early-lead/wp/2016/02/26/smu-womens-coach-says-kids-these-days-drove-her-into-retirement/.

7. Martin E. P. Seligman, *Flourish: A Visionary New Understanding of Happiness and Well-being* (New York: Free Press, 2011), 71–72.

8. Edwin A. Locke and Gary P. Latham, "Building a practically useful theory of goal setting and task motivation: A 35 year odyssey," *American Psychologist* 57, no. 9 (September 2002): 705–717; Richard M. Ryan and Edward L. Deci, "Self-determination theory and the facilitation of intrinsic motivation, social development, and well-being," *American Psychologist* 55, no. 1 (January 2000): 68–78.

9. Association for Psychological Science, "To make one happy, make one busy," ScienceDaily.com, July 29, 2010, sciencedaily.com/releases/2010/07/100729101615.htm; Rachel Feintzeig, "Being Busy Isn't So Bad After All," *Wall Street Journal,* July 17, 2014, blogs.wsj.com/atwork/2014/07/17/the-benefits-of-being-busy/.

10. Ryan T. Howell, David Chenot, Graham Hill, and Colleen J. Howell, "Momentary Happiness: The role of psychological need satisfaction," *Journal of Happiness Studies* 12, no.1 (March 2011): 1–15.

11. Kennon M. Sheldon, Paul E. Jose, Todd B. Kashdan, and Aaron Jarden, "Personality, effective goal-striving, and enhanced well-being: Comparing 10 candidate personality strengths, *Personality and Social Psychology Bulletin* 41, no. 4 (April 2015): 575–585.

12. Carol Dweck, "The power of believing that you can improve," TEDxNorrkoping, filmed November 2014, ted.com/talks/carol_dweck_the_power_of_believing_that_you_can_improve?language=en.

13. A. W. Blanchfield, J. Hardy, H.M. DeMorree, W. Staiano, and S. M. Marcora, "Talking yourself out of exhaustion: the effects of self-talk on endurance performance," *Med Sci Sports Exercise* 46, no. 5 (2014): 998–1007.

14. Ruud Custers and Henk Aarts, "Positive affect as implicit motivator: On the nonconscious operation of behavioral goals," *Journal of Personality and Social Psychology* 89, no. 2 (2005): 129–142.

15. Rodney Brookes, "Living longer means a second chance at those life decisions you now regret," *Washington Post,* June 13, 2016, washingtonpost.com/news/get-there/wp/2016/06/13/living-longer-means-a-second-chance-at-those-life-decisions-you-now-regret/.

16. Kevin McSpadden, "You Now Have a Shorter Attention Span Than a Goldfish," *TIME,* May 14, 2015, time.com/3858309/attention-spans-goldfish/.

17. "University of Texas at Austin 2014 Commencement Address—Admiral William H. McRaven," YouTube video, 19:26, posted by "Texas Exes," May 9, 2014, youtube.com/watch?v=pxBQLFLei70.

第 2 章　坚毅已然不再

1. Laurie Los, "Montgomery Square heroes give back," Gazette.net, July 23, 2003, gazette.net/gazette_archive/2003/200330/damascus/sports/169168-1.html.

2. M. W. Lilliquist, H. P. Nair, F. Gonzalez-Lima, and A. Amsel, "Extinction after regular and irregular reward schedules in the infant rat: influence of age and training duration," *Developmental Psychobiology* 34, no. 1 (January 1999): 57–70.

3. Kevin Helliker, "The Slowest Generation: Younger Athletes Are Racing With Less Concern About Time," Wall Street Journal, September 19, 2013, wsj.com/news/articles/SB10001424127887324807704579085084130007974.

4. Charlie Boss, "Best of class? In Dublin, 222 grads tie," *Columbus Dispatch,* June 3, 2015, dispatch.com/content/stories/local/2015/06/03/best-of-class-in-dublin-222-grads-tie.html.

5. Janell Ross, "We should stop asking why Indian Americans are so good at spelling bees. Here's why," *Washington Post,* May 29, 2015, washingtonpost.com/news/the-fix/wp/2015/05/29/we-should-stop-asking-why-indian-americans-are-so-good-at-spelling-bees-heres-why/.

6. Douglas Ernst, "School bars insignia at graduation to protect underachievers' feelings," *Washington Times,* June 1, 2016, washingtontimes.com/news/2016/jun/1/school-bars-national-honor-society-insignia-at-gra/;

Katherine Timpf, "School Board Votes to Ban Having Valedictorians Because the 'Competition' is 'Unhealthy,'" *National Review,* May 19, 2016, nationalreview.com/article/435639/school-board-votes-ban-having-valedictorians-because-competition-unhealthy.

7. Reynol Junco, "Student class standing, Facebook use, and academic performance," *Journal of Applied Developmental Psychology* 36 (January-February 2015): 18–29.

8. Max Roosevelt, "Student Expectations Seen as Causing Grade Disputes," *New York Times,* February 17, 2009, nytimes.com/2009/02/18/education/18college.html?_r=0.

9. Meg P. Bernhard, "Princeton grade deflation reversal disappoints some here," *Harvard Crimson,* October 9, 2014, thecrimson.com/article/2014/10/9/princeton-grade-deflation-reversal/; Christopher Healy and Stuart Rojstaczer, "Where A Is Ordinary: The Evolution of American College and University Grading, 1940–2009," *Teachers College Record* 114, no. 7 (2012).

10. Meg P. Bernhard.

11. Emily Esfahani Smith, "Profile in Courage: Harvey Mansfield," *Defining Ideas: A Hoover Institution Journal,* December 13, 2010, hoover.org/research/profile-courage-harvey-mansfield.

12. Ulrich Boser and Lindsay Rosenthal, "Do Schools Challenge Our Students? What Student Surveys Tell Us About the State of Education in the United States," Center for American Progress, July 10, 2012, americanprogress.org/issues/education/reports/2012/07/10/11913/do-schools-challenge-our-students/.

13. B. Brett Finlay and Marie-Claire Arrieta, "Get Your Children Good and Dirty," *Wall Street Journal,* September 15, 2016, wsj.com/articles/get-your-children-good-and-dirty-1473950250.

14. Maria Guido, "Letters Sent To Parents Offers Fake Report Card Options For Kids," ScaryMommy.com, scarymommy.com/letter-sent-to-parents-offers-fake-report-card-option-for-kids/.

15. Edward Schlosser, "I'm a liberal professor, and my liberal students terrify me," Vox.com, June 3, 2015, vox.com/2015/6/3/8706323/college-professor-afraid.

16. Dick Hilker, "Hilker: On college campuses, it's disinvitation season,"

Denver Post, May 6, 2016, http://www.denverpost.com/2016/05/06/hilker-on-college-campuses-its-disinvitation-season/.

17. Soo Youn, "Antonin Scalia: liberal clerks reflect on the man they knew and admired," *The Guardian,* February 15, 2016, theguardian.com/law/2016/feb/15/antonin-scalia-supreme-court-justice-liberal-clerks-reflect.

18. Greg Lukianoff and Jonathan Haidt, "The Coddling of the American Mind," *The Atlantic,* September 2015, theatlantic.com/magazine/archive/2015/09/the-coddling-of-the-american-mind/399356/.

19. Judith Shulevitz, "In College and Hiding from Scary Ideas," *New York Times,* March 21, 2105, nytimes.com/2015/03/22/opinion/sunday/judith-shulevitz-hiding-from-scary-ideas.html?_r=0.

20. Dr. Everett Piper, "This Is Not a Day Care. It's a University!", Oklahoma Wesleyan University, okwu.edu/blog/2015/11/this-is-not-a-day-care-its-a-university/.

21. Anemona Hartocollis, "College Students Protest, Alumni's Fondness Fades and Checks Shrink," *New York Times,* August 4, 2016, nytimes.com/2016/08/05/us/college-protests-alumni-donations.html.

22. Leonor Vivanco and Dawn Rhodes, "U. of C. tells incoming freshmen it does not support 'trigger warnings' or 'safe spaces," *Chicago Tribune,* August 25, 2016, chicagotribune.com/news/local/breaking/ct-university-of-chicago-safe-spaces-letter-met-20160825-story.html.

23. Jan Hoffman, "Campuses Debate Rising Demands for 'Comfort Animals,'" *New York Times,* October 4, 2015, nytimes.com/2015/10/05/us/four-legged-roommates-help-with-the-stresses-of-campus-life.html.

24. Emanuella Grinberg, "Airline: 'Emotional support' pig kicked off flight for being disruptive," CNN.com, December 1, 2014, cnn.com/2014/11/30/travel/emotional-support-pig-booted-flight/index.html.

25. Yanan Wang, "Someone just used a federal law to bring a live turkey on a Delta flight," *Washington Post,* January 15, 2016, washingtonpost.com/news/morning-mix/wp/2016/01/15/someone-just-used-a-federal-law-to-bring-a-live-turkey-on-a-delta-flight/.

26. Stephanie Armour, "Professional Cuddlers Embrace More Clients," *Wall Street Journal,* January 8, 2015, wsj.com/articles/professional-cuddlers-embrace-more-clients-1420759074.

第 3 章　怎样着手培育更强的坚毅品质

1. Hengchen Dai, Katherine L. Milkman, and Jason Riis, "The Fresh Start Effect: Temporal Landmarks Motivate Aspirational Behavior," *Management Science* 60 vol. 10, accessed at pubsonline.informs.org/doi/abs/10.1287/mnsc.2014.1901.

2. Pelin Kesebir, "Virtues: Irreplaceable Tools to Cultivate your Well-Being," Center for Healthy Minds—University of Wisconsin-Madison, August 2016 newsletter, centerhealthyminds.org/join-the-movement/virtues-irreplaceable-tools-to-cultivate-your-well-being.

3. Charlie Wells, "The Hidden Reasons People Spend Too Much," *Wall Street Journal,* November 2, 2015, wsj.com/articles/the-hidden-reasons-people-spend-too-much-1446433200; Mike Bundrant, "Negative Future Perception and the Vicious Cycle of Depression," *NLP Discoveries with Mike Bundrant* (blog),*PsychCentral* July 6, 2015, blogs.psychcentral.com/nlp/2015/07/negative-future-perception-and-the-vicious-cycle-of-depression/.

4. J. L. Austenfeld and A. L. Stanton, "Writing about emotions versus goals: Effects on hostility and medical care utilization moderated by emotional approach coping processes," *British Journal of Health Psychology* 13, Part 1 (2008): 35–38; J. L. Austenfeld, A. M. Paolo, and A. L. Stanton, "Effects of writing about emotions versus goals on psychological and physical health among third-year medical students," *Journal of Personality* 74, no. 1 (2006): 267–286; Laura A. King, "The health benefits of writing about life goals," *Personality and Social Psychology Bulletin* 27, no. 7 (2001): 798–807; Y. M. Meevissen, M. L. Peters, and H. J. Alberts, "Become more optimistic by imagining a best possible self: Effects of a two week intervention," *Journal of Behavior Therapy and Experimental Psychiatry* 42, vol. 3 (2011): 371–378; M. L. Peters, I. K. Flink, K. Boersma, and S. J. Linton, "Manipulating optimism: Can imagining a best possible self be used to increase positive future expectancies?", *Journal of Positive Psychology* 5, no. 3: 204–211; Christopher Peterson and Martin E. P. Seligman, *Character Strengths and Virtues: A Handbook and Classification* (American Psychological Association/Oxford University Press: New York and Washington, DC, 2004); L. B. Shapira and M. Mongrain, "The benefits of self-compassion and optimism exercises for individuals vulnerable to depression," *Journal of Positive Psychology* 5, no. 5 (2010): 377–389; K. M. Sheldon and S. Lyubomirsky, "How to increase and sustain positive emotion: the effects of expressing gratitude and visualizing best possible selves," *Journal of Positive Psychology* 1, no. 2 (2006): 73–82.

5. Anya Kamenetz, "The Writing Assignment That Changes Lives," National Public Radio, July 10, 2015, npr.org/sections/ed/2015/07/10/419202925/the-writing-assignment-that-changes-lives.

第 4 章　真正的坚毅

1. Carrie Rickey, "Perfectly Happy, Even Without Happy Endings," *New York Times,* January 13, 2012, nytimes.com/2012/01/15/movies/lindsay-doran-examines-what-makes-films-satisfying.html.

第 5 章　好的坚毅

1. Norman Lebrecht, "How Harry saved reading," *Wall Street Journal,* July 9, 2011, wsj.com/articles/SB100014240527023045840045764197423086 35716.

第 6 章　坏的坚毅

1. Michael Taylor, "Tracking Down False Heroes / Medal of Honor recipients go after impostors," SFGATE.com, May 31, 1999, sfgate.com/news/article/Tracking-Down-False-Heroes-Medal-of-Honor-2928051.php.
2. Michael Taylor, "Tracking down false heroes: Medal of Honor recipients go after imposters," *San Francisco Chronicle,* May 31, 1999.
3. Michael Barbaro, "Donald Trump Likens His Schooling to Military Service in Book," *New York Times,* September 8, 2015, nytimes.com/2015/09/09/us/politics/donald-trump-likens-his-schooling-to-military-service-in-book.html.
4. Peter Botte, "No Juice! Baseball Hall of Fame voters tough on Barry Bonds, Roger Clemens and steroid era players again," *New York Daily News,* January 7, 2016, nydailynews.com/sports/baseball/no-juice-hall-fame-voters-tough-steroid-era-article-1.2488327.
5. Robert Craddock, "Michelle Smith—the most intriguing Olympic story never told," News.com.au, July 21, 2012, news.com.au/sport/michelle-smith-the-most-intriguing-olympic-story-never-told/story-fndpv1cc-1226431290041; Jere Longman, "SWIMMING; Olympic Swimming Star Banned; Tampering with Drug Test Cited,"

New York Times, August 7, 1998, nytimes.com/1998/08/07/sports/swimming-olympic-swimming-star-banned-tampering-with-drug-test-cited.html.

6. Lynn Zinser, "The Guy Who Would Never Give Up," *New York Times,* August 24, 2012, nytimes.com/2012/08/25/sports/reaction-to-lance-armstrong-conceding-defeat-leading-off.html.
7. David Roberts and Joanna Williams, "Academic Integrity: Exploring Tensions Between Perception and Practice in the Contemporary University," (working paper, Society for Research into Higher Education, University of Kent, Canterbury, 2014).
8. Joe Stephens and Mary Pat Flaherty, "How the 'queen' of high school rowing left a Virginia nonprofit treading water," *Washington Post,* October 30, 2013, washingtonpost.com/investigations/how-the-queen-of-high-school-rowing-left-a-virginia-nonprofit-treading-water/2013/10/26/fce08aac-254a-11e3-b3e9-d97fb087acd6_story.html.
9. Lisa D. Ordóñez, Maurice E. Schweitzer, Adam D. Galinsky, and Max H. Bazerman, "Goals Gone Wild: The Systematic Side Effects of Over-Prescribing Goal Setting," (working paper, Harvard Business School, Boston, 2009).
10. Robert Sherefkin, "Lee Iacocca's Pinto: A fiery failure,"*Automotive News,* June 16, 2003, autonews.com/article/20030616/SUB/306160770/lee-iacoccas-pinto:-a-fiery-failure.
11. CBC News, "Canadian Everest victim used inexperienced company, lacked oxygen," CBCNews.com, September 13, 2012, cbc.ca/news/canada/exclusive-canadian-everest-victim-used-inexperienced-company-lacked-oxygen-1.1195149.
12. Wikitionary, s.v. "summit fever," last modified January 17, 2016, en.wiktionary.org/wiki/summit_fever.
13. Wikitionary, s.v. "nitrogen narcosis," last modified April 26, 2016, en.wiktionary.org/wiki/nitrogen_narcosis.
14. Kim Carollo and ABC News Medical Unit, "Thirteen University of Iowa Football Players Hospitalized," ABCNews.com, January 28, 2011, abcnews.go.com/Health/university-iowa-football-players-hospitalized-muscle-condition/story?id=12780810.

15. Lindsay Crouse, "His Strength Sapped, Top Marathoner Ryan Hall Decides to Stop," *New York Times,* January 15, 2016, nytimes.com/2016/01/17/sports/ryan-hall-fastest-us-distance-runner-is-retiring.html.

16. Christopher Clarey, "For Williams, Triumph and Pain Come at One Speed," *New York Times,* February 2, 2015, nytimes.com/2015/02/03/sports/tennis/no-quit-for-serena-williams-is-a-double-edged-sword.html.

17. Wikipedia, s.v. "loss aversion," last modified November 3, 2016, en.wikipedia.org/wiki/Loss_aversion.

18. Remarks made at University of Pennsylvania MAPP summit, October 18, 2015.

19. Phil Bronstein, "The Man Who Killed Osama bin Laden . . . Is Screwed," *Esquire,* February 11, 2013, esquire.com/news-politics/a26351/man-who-shot-osama-bin-laden-0313/.

20. Jasper Hamill, "'I know how to defend myself,' Navy SEAL Robert O'Neill warns ISIS after extremist death threats," *Mirror Online,* October 7, 2015, mirror.co.uk/news/technology-science/technology/i-know-how-defend-myself-6592347.

21. Nina Mandell, "Johnny Manziel flashed the money sign after being drafted by the Browns," *USA Today Sports,* May 8, 2014, ftw.usatoday.com/2014/05/johnny-manziel-money-sign.

22. *A Season with Notre Dame Football* season 1, episode 1, September 8, 2015, sho.com/a-season-with/season/1/episode/1.

第 8 章 充满热情

1. Pamela Druckerman, "Learning How to Exert Self-Control," *New York Times,* September 12, 2014, nytimes.com/2014/09/14/opinion/sunday/learning-self-control.html.

2. Christopher Ingraham, "This is what 5.8 million failures look like," *Washington Post,* July 8, 2016, washingtonpost.com/news/wonk/wp/2016/07/08/this-is-what-5-8-million-failures-look-like/.

3. Jennifer Maloney and Megumi Fujikawa, "Marie Kondo and the Cult of Tidying Up," *Wall Street Journal,* February 26, 2015, wsj.com/articles/marie-kondo-and-the-tidying-up-trend-1424970535.

4. Fred Barnes, "The Savviest Lobbyist," *Wall Street Journal,* July 10, 2016, wsj.com/articles/the-savviest-lobbyist-1468183798.

第 9 章 追求幸福

1. Scott Stossel, "What Makes Us Happy, Revisited," *The Atlantic,* April 24, 2013.
2. Sue Shellenbarger, "To Stop Procrastinating, Look to Science of Mood Repair," *Wall Street Journal,* January 7, 2014.
3. Susan Dominus, "Is Giving the Secret to Getting Ahead?", *New York Times,* March 27, 2013.
4. Lucette Lagnado, "Can Meditation Help Pain after Surgery?", *Wall Street Journal,* September 19, 2016.
5. Redzo Mujcic and Andrew J. Oswald, "Evolution of Well-Being and Happiness After Increases in Consumption of Fruit and Vegetables," *American Journal of Public Health* 106, no. 8 (August 2016): 1504–1510.
6. Paul Piff and Dacher Keltner, "Why Do We Experience Awe?", *New York Times,* May 22, 2015.

第 10 章 目标设定

1. Claire Cain Miller and Nick Bilton, "Google's Lab of Wildest Dreams," *New York Times,* November 13, 2011.
2. A. Bandura, "Self-efficacy," in *Encyclopedia of Human Behavior* Vol. 4, ed. V.S. Ramachandran (New York: Academic Press, 1994): 71–81. (Reprinted in *Encyclopedia of Mental Health,* ed. H. Friedman [San Diego: Academic Press, 1998].)
3. Kelly Seegers, "Katie Ledecky visits Stone Ridge and Little Flower before heading to Stanford," CatholicStandard.com, September 9, 2016, cathstan.org/Content/News/Schools/Article/Katie-Ledecky-visits-Stone-Ridge-and-Little-Flower-before-heading-to-Stanford/2/21/7240.
4. S. L. Price, "Back to her roots: How Katie Ledecky became so dominant in the pool," *Sports Illustrated,* June 1, 2016, si.com/olympics/2016/06/01/olympics-2016-road-to-rio-katie-ledecky-swimming.

5. Kamenetz, "The Writing Assignment That Changes Lives."
6. Dominique Morisano, Jacob B. Hirsh, Jordan B. Peterson, Robert O. Pihl, and Bruce M. Shore, "Setting, elaborating and reflecting on personal goals improves academic performance," *Journal of Applied Psychology* 95, no. 2 (March 2010): 255–264.
7. Chana R. Schoenberger, "Can't Stand Your Commute? It's All in Your Head," *Wall Street Journal,* May 30, 2016.
8. Tara Parker-Pope, "Writing Your Way to Happiness," *New York Times,* January 19, 2015, well.blogs.nytimes.com/2015/01/19/writing-your-way-to-happiness/.

第11章　自我调节

1. Michael Lewis, "Obama's Way," *Vanity Fair,* October 2012.
2. Rebecca Klein, "Why Schools Should Pay More attention to Students' Grit and Self-Control," HuffingtonPost.com, December 30, 2014, huffingtonpost.com/2014/12/30/non-cognitive-skills_n_6392582.html.
3. Cal Newport, *Deep Work: Rules for Focused Success in a Distracted World* (New York: Grand Central Publishing, 2016).
4. John Tierney, "Do You Suffer from Decision Fatigue?", *New York Times,* August 17, 2011.
5. Kirsten Weir, "What You Need to Know about Willpower: The Psychological Science of Self-Control," American Psychological Association, 2012, apa.org/helpcenter/willpower.pdf.
6. Justin Caba, "Midlife Crisis: Why Middle-Aged Women Have the Highest Rate of Depression," MedicalDaily.com, December 4, 2014, medicaldaily.com/midlife-crisis-why-middle-aged-women-have-highest-rate-depression-313082.
7. Joel Achenbach, "Life expectancy for white females in U.S. suffers rare decline," *Washington Post,* April 20, 2016.
8. Laura A. King and Courtney Raspin, "Lost and found possible selves, subjective well-being, and ego depletion in divorced women," *Journal of Personality* 72, no. 3 (June 2004): 603–632.
9. Ekaterina Walter, "What Your Conference Room Names Say About

Your Company Culture," Inc.com, October 21, 2014, inc.com/ekaterina-walter/what-your-conference-room-names-say-about-your-company-culture.html.

10. K. Hardcastle, K. Hughes, O. Sharples, and M. Bellis, "Trends in alcohol portrayal in popular music: A longitudinal analysis of the UK charts," *Psychology of Music* 43, no. 3 (May 2015): 321–332.
11. "Inaction-related words in our environment can unconsciously influence our self-control," MedicalNewsToday.com, published August 11, 2013, medicalnewstoday.com/releases/264604.php.
12. Lisa Belkin, "In Praise of Roughhousing," *New York Times,* June 14, 2011.
13. Bradley Staats and David M. Upton, "Lean Knowledge Work," *Harvard Business Review,* October 2011.

第12章 冒险

1. Pat Forde, "Katie Ledecky set to chase Olympic history," Yahoo Sports, May 28, 2015, sports.yahoo.com/news/katie-ledecky-now-set-to-chase-olympic-history-after-surprising-gold-in-2012-040626612-olympics.html.
2. Scott Stump, "'Magnificent Seven' US gymnastics team revisits 1996 Olympic triumph," Today.com, July 12, 2016, today.com/news/magnificent-seven-us-gymnastics-team-revisits-1996-olympic-triumph-t100730.
3. Interview with the author, March 25, 2008.
4. Ruth Chang, "How to Make Hard Choices" (transcript), TED, June 2014, ted.com/talks/ruth_chang_how_to_make_hard_choices/transcript.
5. Emma Fierberg and Alana Kakoyiannis, "Learning to celebrate failure at a young age led to this billionaire's success," *Business Insider,* July 11, 2016, businessinsider.com/sara-blakely-spanx-ceo-offers-advice-redefine-failure-retail-2016-7.
6. Leslie Kwoh, "Memo to Staff: Take more risks: CEOs Urge Employees to Embrace Failure and Keep Trying," *Wall Street Journal,* updated March 20, 2013, wsj.com/articles/SB10001424127887323639604578370383939044780.
7. Carl Richards, "Hesitant to Make That Big Life Change? Permission

Granted," *New York Times,* August 15, 2016, nytimes.com/2016/08/16/your-money/hesitant-to-make-that-big-life-change-permission-granted.html?_r=0.

8. Harry T. Reis, Shannon M. Smith, Cheryl L. Carmichael, Peter A Caprariello, Fen-Fang Tsai, Amy Rodrigues, and Michael R. Maniaci, "Are You Happy for Me? How Sharing Positive Events With Others Provides Personal and Interpersonal Benefits," *Journal of Personality and Social Psychology* 99, no. 2 (August 2010): 311–329; Shelly L. Gable, Harry T. Reis, Emily A. Impett, and Evan R. Asher, "What do you do when things go right? The intrapersonal and interpersonal benefits of sharing positive events," *Journal of Personality and Social Psychology* 87, no. 2 (August 2004): 228–245.

9. Dara Torres with Elizabeth Weil, *Age Is Just a Number: Achieve Your Dreams at Any Stage in Your Life* (New York: Three Rivers Press, 2010).

第13章 谦卑

1. Jim Collins, "Level 5 Leadership: The Triumph of Humility and Fierce Resolve," *Harvard Business Review,* July-August 2005.
2. Peter L. Samuelson, Matthew J. Jarvinen, Thomas B. Paulus, Ian M. Church, Sam A. Hardy, and Justin L. Barrett, "Implicit theories of intellectual virtues and vices: A focus on intellectual humility," *Journal of Positive Psychology,* 10, vol. 5 (May 2014), doi: 10.1080/17439760.2014.967802.

3. Ibid.

4. Ibid.

5. Don Emerson Davis, Jr., and Joshua N. Hook, "Measuring Humility and Its Positive Effects," *Observer* 28, no. 8 (October 2013), psychologicalscience.org/publications/observer/2013/october-13/measuring-humility-and-its-positive-effects.html.

6. Adam Bryant, "Google's Quest to Build a Better Boss," *New York Times,* March 12, 2011. nytimes.com/2011/03/13/business/13hire.html.

7. Baylor University, "The Top Athletes Display Humility, Says Researcher," Newswise.com, October 22, 2006, newswise.com/articles/the-top-athletes-display-humility-says-researcher.

8. "'Persist, Persist, Persist!' This Student's Speech Will CHANGE YOUR

LIFE!", YouTube video, 7:39, posted by "Alvernia University," January 6, 2015, youtube.com/watch?v=GUZS-ScfuSQ.

9. Junior Bernard (Hatian immigrant and graduate of Alvernia University), interview with Caroline Adams Miller, February 14, 2016.

10. Susan Dominus, "Is Giving the Secret to Getting Ahead?", *New York Times,* March 27, 2013.

11. Jordan Paul LaBouff, Wade C. Rowatt, Meghan Johnson Shen, Jo-Ann Tsang, and Grace McCullough Willerton, "Humble persons are more helpful than less humble persons: Evidence from three studies," *Journal of Positive Psychology* 7, no. 1 (January 2012): 16–29.

12. Bradley P. Owens, Michael D. Johnson, and Terence R. Mitchell, "Expressed Humility in Organizations: Implications for Performance, Teams, and Leadership," *Organization Science* 24, no. 5 (September–October 2013): 1517–1538.

13. Christopher Harress, "The Law of Jante: How a Swedish Cultural Principle Drives Ikea, Ericsson, and Volvo, and Beat the Financial Crisis," *International Business Times* August 23, 2014, ibtimes.com/law-jante-how-swedish-cultural-principle-drives-ikea-ericsson-volvo-beat-financial-1397589.

14. Michael Booth, "The Danish Don't Have the Secret to Happiness," *The Atlantic,* January 30, 2015, theatlantic.com/health/archive/2015/01/the-danish-dont-have-the-secret-to-happiness/384930/.

15. Douglas Ernst, "School bars insignia at graduation to protect underachievers' feelings," *Washington Times,* June 1, 2016.

16. Katherine Timpf, "School Board Votes to Ban Having Valedictorians Because the 'Competition' is 'Unhealthy,'" *National Review,* May 19, 2016.

17. Kate Murphy, "What Selfie Sticks Really Tell Us About Ourselves," *New York Times,* August 8, 2015, nytimes.com/2015/08/09/sunday-review/what-selfie-sticks-really-tell-us-about-ourselves.html?_r=0.

第 14 章 坚持

1. Paul Thomas (founder of Tong Leong School of the Martial Arts), interview with Caroline Adams Miller, May 25, 2016.

2. William James, "The Energies of Men," *Science* 25, no. 635 (1907): 331.
3. Louis Alloro, "A Magical Day of Inquiry, Scholarship, and Practice," *Positive Psychology News,* April 25, 2012, positivepsychologynews.com/news/louis-alloro/2012042521852.
4. Ibid.
5. Matthew Rees, "How to Win Like Michael Phelps," *Wall Street Journal,* June 22, 2016, wsj.com/articles/how-to-win-like-michael-phelps-1466635351.
6. "UNDER ARMOUR | RULE YOURSELF | MICHAEL PHELPS," YouTube video, 1:31, posted by "Under Armour," March 8, 2016, youtube.com/watch?v=Xh9jAD1ofm4.
7. Shirley S. Wang, "To Stop Procrastinating, Start by Understanding the Emotions Involved," *Wall Street Journal,* August 31, 2015, wsj.com/articles/to-stop-procrastinating-start-by-understanding-whats-really-going-on-1441043167.
8. Peter M. Gollwitzer, "Implementation Intentions: Strong Effects of Simple Plans," *American Psychologist* 54, no. 7 (July 1999): 493–503.
9. Shirley S. Wang.
10. William J. Knaus, *Do It Now! Break the Procrastination Habit,* (Hoboken, NJ: John Wiley & Sons, 2001).
11. Druss, "The Victor Hugo working naked story: myth or fact?", Languor.us (blog), August 20, 2012, languor.us/victor-hugo-working-naked-story-myth-or-fact.
12. Shirley S. Wang.
13. Maria Parker (U.S. long-distance cyclist), interview with Caroline Adams Miller, February 17, 2016.
14. Robert M. Sapolsky, "Language Shapes Thoughts—and Storm Preparations," *Wall Street Journal,* April 22, 2015.
15. Susan Pinker, "For Better Performance, Give Yourself a Pep Talk," *Wall Street Journal,* July 27, 2016, wsj.com/articles/for-better-performance-give-yourself-a-pep-talk-1469633065; Gretchen Reynolds, "Keep Telling Yourself, 'This Workout Feels Good,'" *New York Times,* November 6, 2013, well.blogs.nytimes.com/2013/11/06/keep-repeating-this-workout-feels-good/.

16. Chris Ballard, "Ryan Anderson tries to move forward after girlfriend Gia Allemand's suicide," *Sports Illustrated,* November 17, 2014.

17. Jack Nicklaus made this remark during the 2016 US Open while the rain delays made the course almost unplayable, saying that if a player complained about the weather, Nicklaus's experience had shown him that they were mentally out of the game at that point and would probably no longer be a factor.

18. Kevin Clark, "The NFL's Best Method Actor," *Wall Street Journal,* December 1, 2015, wsj.com/articles/meet-the-nfls-best-method-actor-1449002579.

19. Caitlin McCabe, "Virtual Reality Therapy Shows New Benefits," *Wall Street Journal,* October 20, 2014, wsj.com/articles/virtual-reality-therapy-shows-new-benefits-1413841124.

20. R. L. Reid, "The psychology of the near miss,"*Journal of Gambling Behavior* 2, no. 1 (March 1986): 32–39.

21. J.K. Rowling, "Text of J.K. Rowling's Speech: 'The Fringe Benefits of Failure, and the Importance of Imagination,'" *Harvard Gazette,* June 5, 2008, news.harvard.edu/gazette/story/2008/06/text-of-j-k-rowling-speech/.

22. Tony Schwartz, "The Rhythm of Great Performance," *The New York Times,* February 27, 2015, nytimes.com/2015/02/28/business/dealbook/the-rhythm-of-great-performance.html.

23. Katheen Elkins, "Here's why Tim Cook, Sallie Krawcheck and other successful people wake up at 4 a.m.," CNBC.com, August 29, 2016, cnbc.com/2016/08/29/why-tim-cook-sallie-krawcheck-and-other-successful-people-wake-up-at-4-am.html; Kathleen Elkins, "A man who spent 5 years studying millionaires found one of their most important wealth-building habits starts first thing in the morning," *Business Insider,* April 7, 2016, businessinsider.com/rich-people-wake-up-early-2016-4.

24. Tony Schwartz.

25. Karlyn Pipes (author and International Hall of Fame swimmer), interview with Caroline Adams Miller, February 14, 2015.

26. Interview with Caroline Adams Miller, February 12, 2007.

27. "The Zeigarnick Effect: Drive to Finish and Need for Closure—Business, Marketing . . . Spielberg, Lucas, Rowling . . .," BizShifts-Trends.com,

August 16, 2012, bizshifts-trends.com/tag/zeigarnik-effect/.

28. "SC Featured: The Volunteer," ESPN.com video, 6:57, posted February 29, 2016, espn.com/video/clip?id=14859845.

29. Robert Lee Holtz, "Practice Personalities: What an Avatar Can Teach You," *Wall Street Journal,* January 19, 2015, wsj.com/articles/practice-personalities-what-an-avatar-can-teach-you-1421703480.

第15章 耐心

1. Dennis Overbye, "Gravitational Waves Detected, Confirming Einstein's Theory," *New York Times,* February 11, 2016, nytimes.com/2016/02/12/science/ligo-gravitational-waves-black-holes-einstein.html?_r=0.

2. Khushbu Shah, "How to Order Domino's Pizza With a Pizza Emoji," *Eater.com,* May 13, 2015, eater.com/2015/5/13/8597819/how-to-order-dominos-pizza-emoji.

3. Christopher Muther, "Instant gratification is making us perpetually impatient," *Boston Globe,* February 2, 2013.

4. Ibid.

5. Ibid.

6. Stephanie Rosenbloom, "The World According to Tim Ferriss," *New York Times,* March 25, 2011, nytimes.com/2011/03/27/fashion/27Ferris.html.

7. Pamela Druckerman, "Why French Parents Are Superior," *Wall Street Journal,* February 4, 2012, wsj.com/articles/SB10001424052970204740904577196931457473816.

8. Leonard Sax, "For readers of the Wall Street Journal," LeonardSax.com, leonardsax.com/WSJ.htm.

9. Julie Scelfo, "Suicide on Campus and the Pressure of Perfection," *New York Times,* July 27, 2015, nytimes.com/2015/08/02/education/edlife/stress-social-media-and-suicide-on-campus.html.

10. Anonymous middle school psychologist, interview with Caroline Adams Miller, February 5, 2016.

11. Matthew Schneier, "The Post-Binge-Watching-Blues: A Malady of our Times," *New York Times,* December 5, 2015, nytimes.com/2015/12/06/

fashion/post-binge-watching-blues.html.

12. Christopher Clarey, “Every Second Counts in Bid to Keep Sports Fans,” *New York Times,* February 28, 2015.
13. Ibid.
14. William C. Rhoden, “For Coaches, It’s Nurture vs. Natural Talent,” *New York Times,* April 6, 2015, nytimes.com/2015/04/07/sports/ncaabasketball/for-coaches-its-nurture-vs-natural-talent.html.
15. Christina Rexrode, “Citigroup to Millennial Bankers: Take a Year Off,” *Wall Street Journal,* March 16, 2016, wsj.com/articles/to-entice-millennial-bankers-citigroup-serves-up-new-perk-take-a-year-off-1458120603.
16. Rachel Feintzeig, “Lavish Perks Spawn New Job Category,” *Wall Street Journal,* November 20, 2014, wsj.com/articles/lavish-perks-spawn-new-job-category-1416529198.
17. Nick McGreivey (University of Pennsylvania student), interview with Caroline Adams Miller, February 17, 2016.
18. Ginger Rae Dunbar, “Youth learn to focus, have patience from playing chess,” *Reporter,* December 9, 2014, thereporteronline.com/article/RO/20141209/NEWS/141209802.
19. Cal Newport, “Cal Newport on Deep Work,” interview by Scotty Barry Kaufman*Psychology Podcast,*, podcast audio, June 11, 2016, thepsychologypodcast.com/?s=Newport.
20. Dan Buettner, “Want Great Longevity and Health? It Takes a Village,” *Wall Street Journal,* May 22, 2015, wsj.com/articles/want-great-longevity-and-health-it-takes-a-village-1432304395.
21. Chelsea Harvey, “Why living around nature could make you live longer,” *Washington Post,* April 19, 2016.
22. Tyler Cowen, “The Upside of Waiting in Line,” *New York Times* February 19, 2015, nytimes.com/2015/02/22/upshot/the-upside-of-waiting-in-line.html.
23. Xianchi Dai and Ayelet Fishbach, “When waiting to choose increases patience,” *Organizational Behavior and Human Decision Processes* 121, no. 2 (July 2013): 256–266.
24. Jennifer L. Roberts, “The Power of Patience,” *Harvard Magazine* November-December 2013, harvardmagazine.com/2013/11/the-power-of-patience.

高效学习

《刻意练习：如何从新手到大师》

作者：[美] 安德斯 · 艾利克森 罗伯特 · 普尔 译者：王正林

销量达200万册！
杰出不是一种天赋，而是一种人人都可以学会的技巧
科学研究发现的强大学习法，成为任何领域杰出人物的黄金法则

《学习之道》

作者：[美] 芭芭拉 · 奥克利 译者：教育无边界字幕组

科学学习入门的经典作品，是一本真正面向大众、指导实践并且科学可信的学习方法手册。作者芭芭拉本科专业（居然）是俄语。从小学到高中数理成绩一路垫底，为了应付职场生活，不得不自主学习大量新鲜知识，甚至是让人头疼的数学知识。放下工作，回到学校，竟然成为工程学博士，后留校任教授

《如何高效学习》

作者：[加] 斯科特 · 扬 译者：程冕

如何花费更少时间学到更多知识？因高效学习而成名的“学神”斯科特 · 扬，曾10天搞定线性代数，1年学完MIT4年33门课程。掌握书中的“整体性学习法”，你也将成为超级学霸

《科学学习：斯坦福黄金学习法则》

作者：[美] 丹尼尔 · L.施瓦茨 等 译者：郭曼文

学习新境界，人生新高度。源自斯坦福大学广受欢迎的经典学习课。斯坦福教育学院院长、学习科学专家力作；精选26种黄金学习法则，有效解决任何学习问题

《学会如何学习》

作者：[美] 芭芭拉 · 奥克利 等 译者：汪幼枫

畅销书《学习之道》青少年版；芭芭拉 · 奥克利博士揭示如何科学使用大脑，高效学习，让“学渣”秒变“学霸”体质，随书赠思维导图；北京考试报特约专家郭俊彬博士、少年商学院联合创始人Evan、秋叶、孙思远、彭小六、陈章鱼诚意推荐

更多>>>

《如何高效记忆》 作者：[美] 肯尼思 · 希格比 译者：余彬晶
《练习的心态：如何培养耐心、专注和自律》 作者：[美] 托马斯 · M.斯特纳 译者：王正林
《超级学霸:受用终身的速效学习法》 作者：[挪威] 奥拉夫 · 舍韦 译者：李文婷

习惯与改变

《如何达成目标》

作者：[美] 海蒂 · 格兰特 · 霍尔沃森 译者：王正林

社会心理学家海蒂 · 霍尔沃森又一力作，郝景芳、姬十三、阳志平、彭小六、邻三月、战隼、章鱼读书、远读重洋推荐，精选数百个国际心理学研究案例，手把手教你克服拖延，提升自制力，高效达成目标

《坚毅：培养热情、毅力和设立目标的实用方法》

作者：[美] 卡洛琳 · 亚当斯 · 米勒 译者：王正林

你与获得成功之间还差一本《坚毅》；《刻意练习》的伴侣与实操手册；坚毅让你拒绝平庸，勇敢地跨出舒适区，不再犹豫和恐惧

《超效率手册：99个史上更全面的时间管理技巧》

作者：[加] 斯科特 · 扬 译者：李云

经营着世界访问量巨大的学习类博客

1年学习MIT4年33门课程

继《如何高效学习》之后，作者应万千网友留言要求而创作

超全面效率提升手册

《专注力：化繁为简的惊人力量》

作者：[美] 于尔根 · 沃尔夫 译者：朱曼

写给“被催一族”简明的自我管理书！即刻将注意力集中于你重要的目标。生命有限，不要将时间浪费在重复他人的生活上，活出心底真正渴望的人生

《驯服你的脑中野兽：提高专注力的45个超实用技巧》

作者：[日] 铃木祐 译者：孙颖

你正被缺乏专注力、学习工作低效率所困扰吗？其根源在于我们脑中藏着一头好动的“野兽”。45 个实用方法，唤醒你沉睡的专注力，激发400%工作效能

更多>>>

《深度转变：让改变真正发生的7种语言》 作者：[美] 罗伯特 · 凯根 等 译者：吴瑞林 等

《早起魔法》 作者：[美] 杰夫 · 桑德斯 译者：雍寅

《如何改变习惯：手把手教你用30天计划法改变95%的习惯》 作者：[加] 斯科特 · 扬 译者：田岚